岩波基礎物理
【新装版】

相対性理論

岩波基礎物理シリーズ
【新装版】

相対性理論

●

佐藤勝彦
Katsuhiko Sato

[著]

岩波書店

THEORY OF RELATIVITY

IWANAMI
UNDERGRADUATE COURSE IN PHYSICS

物理をいかに学ぶか

　暖かな春の日ざし，青空に高く成長した入道雲，木々の梢をわたる秋風，
道端の水たまりに張った薄氷，こうした私たちの身の回りの自然現象も，生
命現象の不思議や広大な宇宙の神秘も，その基礎には物理法則があります．
また，衛星中継で世界の情報を刻々と伝える通信，患部を正確にとらえる
CT 診断，小さな電卓の中のさらに小さな半導体素子などの最先端技術は，
物理法則の理解なしにはありえないものです．したがって，自然法則を学
び，自然現象の謎の解明を志す理学系の学生諸君にとっても，また現代の最
先端技術を学び，さらに技術革新を進めることを目指している工学系の学生
諸君にとっても，物理は欠かすことのできない基礎科目です．

　近代科学の歴史はニュートンに始まるといわれます．ニュートンは，物体
の運動の分析から力学の法則に到達しました．そして，力学の法則から，リ
ンゴの落下運動も天体の運行も同じように解明されることを見出しました．
実験や観測によって現象をしらべ，その結果を数量的に把握し，基本法則に
基づいて現象を数理的に説明するという方法は，物理学に限らず，その後大
きく発展した近代科学の全体を貫くものだ，ということができます．物理学
の方法は近代科学のお手本となってきたのです．また，超ミクロの素粒子か
ら超マクロの宇宙までを対象とし，その法則を明らかにする物理学は，私た
ちの自然に対する見方(自然観)を深め，豊かにしてくれます．そのような意
味でも，物理は科学を学ぶすべての学生諸君にしっかり勉強してほしい科目
なのです．

　このシリーズは，物理の基礎を学ぼうとする大学理工系の学生諸君のため
の教科書，参考書として編まれました．内容は，大学の 4 年生になってそれ
ぞれ専門的な分野に進む前，つまり 1 年生から 3 年生までの間に学んでほし
い基礎的なものに限りました．基礎をしっかり，というのがこのシリーズの

第一の目標です．しかし，それが自然現象の解明にどのように使われ，どのように役立っているかを知ることは，基礎を学ぶ上でもたいへん重要なことです．現代的な視点に立って，理学や工学の諸分野に進むときのつながりを重視したことも，このシリーズの特徴です．

物理は難しい科目だといわれます．力学を学ぶには，物体の運動を理解するために微分方程式などのさまざまな数学を身につけなければなりません．電磁気学では，電場や磁場という目で見たり，手で触れたりできないものを対象にします．量子力学や相対性理論の教えることは，私たちの日常経験とかけ離れています．一見，身近な現象を相手にするかに見える熱力学や統計力学でも，エントロピーや自由エネルギーという新しい概念の理解が必要です．それらの法則が，物質という複雑なものを対象にするとなると，事態はさらに面倒です．

物理を学ぼうとこの本を開いた学生諸君，いきなりこんな話を聞いてどう感じますか？　いよいよ学習意欲をかきたてられた人は，この先を読む必要はありません．すぐ第1章から勉強にとりかかって下さい．しかし，そんなに難しいのか，と戦意を喪失しかけた人には，もう少しつきあってほしいと思います．

科学が芸術と本質的に異なるのは，ある程度努力しさえすれば誰にでも理解できるものだ，というところにあると思います．ある人の感動する音楽が別の人には騒音にしか響かないとしても，それはどうしようもないでしょう．科学は違います．確かに，科学の創造に携わってきたのはニュートンやアインシュタインといった天才たちでした．少なくとも，相当な基礎訓練をへた専門家たちです．しかし，そうして得られた科学の成果は，それが正しいものであれば，きちんと順序だてて学べば誰にでも理解できるはずです．誰にでも理解できるものでなければ，それを科学的な真理とよぶことはできない，といってもいいのだと思います．

そんなことをいうけれど，自分には難しくてよく理解できない，という反論もあるだろうと思います．そうかも知れません．しかし，それは教え方，あるいは学び方が悪かったせいではないでしょうか．物理学は組みたてられ

た構造物のようなものです．基礎のところの大事なねじがぬけていては，その上の構造物はぐらついてしまいます．私たちが教師として教室で物理の講義をするとき，時間が足りないとか，あるいはこんなことは皆わかっているはず，といった思いこみから，途中の大事なところをとばしているかも知れません．もう一つ大切なことは，構造物を組みたてながら，ときどき離れて全体の形をながめることです．具体的にいえば，数式をたどるだけでなくて，その数式の意味しているものが何かを考えることです．これを私たちは「物理的に理解する」といっています．

　このシリーズの1冊1冊は，それぞれ経験豊かな著者によって，学生諸君がつまずくところはどこかをよく知った上で，周到な配慮をもって書かれました．単に数式を並べるだけではなく，それらの数式のもつ物理的な意味についても十分に語られています．実をいいますと，「物理的な理解」は人から教えられるのではなく，学生諸君ひとりひとりが自分で獲得すべきものです．しかし，物理をはじめて本格的に勉強して，すぐにそれができるものでもありません．この先生はこんな風に理解しているんだ，なるほど，と感じることは大いに勉強になり，あなた自身の理解を助けるはずです．

　科学は誰にでも理解できるものだ，といいました．もちろん，それは努力しさえすれば，という条件つきです．この本はわかりやすく書かれていますが，ねころんで読んでわかるように書かれてはいません．机に向かい，紙と鉛筆を用意して読んで下さい．問題はまずあなた自身で解くように努力して下さい．

　10冊のシリーズのうち，第1巻『力学・解析力学』，第10巻『物理の数学』は，高校の物理と数学が身についていれば，十分に読むことができます．この2冊に比べれば，第3巻『電磁気学』は少し努力を要するかも知れません．第5巻『量子力学』を学ぶには，力学は身につけておく必要があります．第7巻『統計力学』には量子力学の初歩的な知識が前提になっています．これらの巻に続くものとして，第2巻『連続体の力学』，第4巻『物質の電磁気学』，第6巻『物質の量子力学』，第8巻『非平衡系の統計力学』をそれぞれ独立な1冊として用意したことが，このシリーズの特徴のひとつ

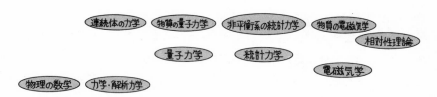

です．第9巻『相対性理論』は力学と電磁気学に続く巻として位置づけられます．各巻の位置づけは，およそ上の図のようなものです．図は下ほど基礎的な分野です．

　このシリーズが，理工系の学生諸君が物理を本格的に学び，身につけることに役立つならば，それは著者，編者一同にとってたいへんうれしいことです．

　　　1994年3月

　　　　　　　　　　　　　　　　　　　　　編者　長岡　洋介
　　　　　　　　　　　　　　　　　　　　　　　　原　　　康夫

ま　え　が　き

　相対性理論(相対論)は物理学の中で最も広く一般の人々が興味をもっている分野ではなかろうか．古今東西，相対論の解説書は山ほどある．そこに描かれている相対論の世界は，日常の経験とは大きく異なる不思議な世界である．俗に言う「浦島効果」などはその典型であろう．本書でも双子のパラドックスとして解説してあるが，宇宙旅行をして帰ってくると自分の時計では1年しか経っていないのに地球では50年も経っているということが実際におこる．そのほかにも，ブラックホールの不思議な世界，宇宙の創生，最近ではタイムマシンなど，魅惑的な世界が多くの本に紹介されている．

　私も中学生や高校生のころ，相対論の不思議な世界にあこがれて何冊か解説書を読んだ．宇宙は熱い火の玉で始まったというビッグバン理論の提唱者であるガモフ(G. Gamov)の書いた『不思議の国のトムキンス』は歴史に残る名著である．実際，私自身，この本を読んだことが，理学部物理学科に進み，また宇宙物理の研究を始める大きなきっかけとなった．しかし解説書には当然限界がある．相対論の世界をしっかりと理解するためには，きちんと教科書を読むのが結局は早道である．

　この本は相対論を初めて学ぶ読者を対象にしている．したがって初心者が問題意識をもちながら学ぶことができるように，各章でいま学ぼうとしていることが相対論を学ぶ過程でどのような意味をもっているのかを繰り返し説いた．また，基本的な式の導出は，かなり丁寧に示したつもりである．

　よく相対論は難解だと言われる．確かに相対論の教科書には，上添字や下添字がたくさんついた変数や式が数多く現われる．相対論を定式化するためにはテンソルの演算やリーマン幾何学の初歩を学ばねばならない．しかし，相対論に必要最小限のものを学ぶのは，そんなにむずかしいことではない．それはこの本で容易に学ぶことができる．また，相対論を難解だと感じるも

うひとつの理由としては，日常の "非相対論的世界の常識" に浸っている私たちにとって，その常識を正しく置き換えていくのが容易でないことがあげられよう．

しかし私は，量子力学等に比べると，相対論を学ぶことははるかにやさしいと信じている．相対論は力学と電磁気学の基礎さえあれば，後は論理を貫徹するだけでまったくその自然な帰結として学ぶことができるのである．それはアインシュタイン自身がたどった道でもある．その論理とは，「物理学の法則は人間が勝手に定める座標系によらず不変に書かれるべきである」という実に当然な要請である．物質世界の運動を記述する時，また物理学の法則を記述するには座標系が不可欠である．物理法則はどんな座標系に対しても不変な形式に書かれるはずだという相対性原理は，実に単純明快なものである．しかも，この論理をきわめることによって開かれる世界は，まことに美しい世界である．

この本の第1章，第2章では，特殊相対論を扱う．特殊という名の通り，考える座標系は慣性系に限られる．そこで学ぶように，1次元の時間と3次元の空間を統合してミンコフスキー空間を作ると，実に美しく物理学の法則を記述できる．さらに，相対論を学んで最も感激するのは，一般相対論の真髄であるアインシュタインの重力場の方程式を導くことができた時であろう．とくに，変分原理によって，最も単純なラグランジアンから，物質・エネルギーがいかに時空を曲げるかを記述するこの式が導かれた時であろう．アインシュタイン方程式は物理学の中で最も美しい方程式なのである．

一般相対論の活躍する舞台は宇宙である．「宇」という字，「宙」という字の意味をそれぞれやや大きな漢和辞典で調べると，それぞれ「四方上下」，「往古来近」とある．つまり，宇宙とは時空を表わしているのであり，それが一般相対論の活躍の場であるのは当然であろう．実際，物質を含む全時空の起源や進化を論ずる宇宙論は，一般相対論の成立によって初めて科学になったといえよう．この本では，読者の皆さんに相対論が描きだす世界の素晴らしさを知っていただくために，ブラックホールや宇宙論についてかなりのスペースを割いた．興味をもって読んでいただけるものと期待している．

　この本は著者が東京大学で行なってきた「一般相対論」の講義ノートが下敷きになっている．執筆にあたっては基礎的事柄をかなり拡充したので，力学と電磁気学の基礎さえ身につけていれば，大学初年の学生諸君にも十分理解できるはずである．

　最後に，本書の執筆をすすめていただいた長岡洋介，原康夫両先生に感謝したい．原先生には原稿に目を通していただき有益なコメントをいただいた．またこの本の執筆にあたっては，岩波書店編集部の片山宏海，宮部信明の両氏にたいへんお世話になった．とくに宮部氏からは，本書の内容構成についても貴重なアドバイスをいただいた．両氏の叱咤激励なしには，この本を執筆することはできなかったであろう．厚くお礼申し上げる．

　　　1996 年 11 月

佐藤 勝彦

目　　次

物理をいかに学ぶか

まえがき

──《*Coffee Break*》──────

1 特殊相対論

相対性理論は，一言でいえば，時間と空間の物理学である．時間と空間は，相対性理論では不可分であるので，一緒にして簡単に「時空」とよんでいる．

　相対性理論はアインシュタイン(A. Einstein)という天才的物理学者によってほとんど一人で作り上げられた．当時の物理学者もそうであったように，私たちは，日常の生活の中から経験的に，時間は世界・宇宙のどこででも，またどんな運動をしていようとも，過去から未来にかけて同じように流れているものと考えている．また空間も，四方上下にどこまでも広がっているものと暗黙に考えている．アインシュタインは，マックスウェル(J. C. Maxwell)によって完成された電磁気学とニュートン力学の間に生じた矛盾を解決しようとして研究をはじめた．そして彼は，この矛盾は私たちの日常経験から体得しているニュートン力学的な時間や空間の概念が誤っていることから生じていることを見つけたのである．相対性理論の成立は，物理学の歴史の中で量子論の成立と並ぶ大革命である．この革命は，2つのステップで行われた．まず第1は1905年に完成した特殊相対性理論，第2は1915年に完成した一般相対性理論である．

　この章では，アインシュタインがたどった考えに従って，まず特殊相対性理論を学ぼう．なお「相対性理論」という名前は長くよびにくいので，しばしば「相対論」と省略してよばれる．本書でも簡潔に表現するために，「特殊相対論」，「一般相対論」とよぶことにする．

1-1 ニュートン力学における時間と空間

ニュートン(I. Newton)は 1687 年に出版された『プリンキピア(自然哲学の数学的諸原理)』において,時間と空間について次のように明確に規定している.

　絶対時間:その本質において外界とはなんら関係することなく一様に流れ,これを持続とよぶことのできるもの.

　絶対空間:その本質においていかなる外界とも関係なく常に均質であり揺らがないもの.

　ニュートンは,いわば物理学の舞台である時間空間は絶対的存在で,物質の存在や物質の運動によって変化するものではないと規定したのである.この規定は,私たちが日常経験から漠然と考えている時間や空間の概念を明確にしたものである.この規定により,相対論の出現まで物理学者は,絶対時間,絶対空間という確固とした土台の上で,それを疑うことなく安心して物質の運動や構造を研究することができたのである.

　ニュートン力学は 2 つの法則からなる.

　第 1 法則——慣性の法則:外力が作用していない時,物体は静止しているか,等速運動をする.

　静止とか等速運動という言葉は,「何に対して」静止しているのか,あるいは等速運動しているのかを言わなければ意味がない.つまり,物体の位置を示す座標としてどのような座標系をとったのかを示さねば意味がない.日常の運動現象を記述する場合,地面に固定した座標系を採用している.そしてこの座標系で,近似的ではあるが慣性の法則が成り立っている.しかし地球は自転し,かつ太陽の周りを公転しており,その効果により厳密には慣性の法則は成立していない.さらに太陽も銀河系の中で回転運動をしており,その銀河系もまた局所銀河団中の 1 つの銀河としてその中で運動している.いったいどのような座標系をとれば,厳密に慣性の法則が成立しているのだろうか? しかし,宇宙の中で私たちがどのような運動をしているかが完全

にわからないと，慣性の法則が成立している座標系がわからないというのでは困る．そこでニュートン力学では，それが地球に対してどのような運動をしている座標系かはわからないが，結果として慣性の法則が成立している座標系を**慣性系**(inertial system)と定義する．したがって運動の第1法則は，逆に慣性の法則の成立する慣性系が必ず存在するということを述べていると考えるべきであろう．

　ある座標系で等速運動している物体は，その座標系に対して等速運動している座標系でもやはり等速運動をしている．したがって，慣性系にたいして等速運動している座標系でも慣性の法則が成立していることになる．つまり，慣性系に対して等速運動している座標系はすべて慣性系であり，慣性系は無限に存在している．そして，それらの慣性系はたがいに平等同格である．

　第2法則——運動の法則：物体の加速度は外力に比例する．
これを式で表わしたものが次の運動方程式である．

$$m\frac{d^2\boldsymbol{x}}{dt^2} = \boldsymbol{f} \tag{1.1}$$

物理学の法則を式として定量的に表現するためには，座標系を定めなければならない．ここでは1つの慣性系を採用し，その上で運動の法則を方程式として示したわけである．ここで m は質点の質量，$\boldsymbol{x}$ は質点の座標，t は時間である．$\boldsymbol{f}$ はその質点に働く力である．この座標系を x 系と呼ぶ．この法則を同格である別の慣性系，x' 系で表現しても同じ方程式で記述されるはずである．

$$m\frac{d^2\boldsymbol{x}'}{dt^2} = \boldsymbol{f} \tag{1.2}$$

これは2つの座標系を結ぶ座標変換により証明される．ここでは簡単化のために，x' 系は x 系に対して速度 v で x 軸方向に運動している座標系とすると，その座標変換は図1-1からも明らかなように次のようになる．

$$t' = t$$
$$x' = x - vt$$
$$y' = y$$

$$z' = z$$

$$(1.3)$$

　この2つの慣性系の間を結ぶ座標変換を**ガリレイ変換**(Galilei transformation)とよぶ．(1.2)式が成立することは，座標変換(1.3)式を(1.1)式に代入することにより，ただちに証明される．2つの座標系での時間 t と t' が等しいのは，『プリンキピア』での規定のように時間は座標系の属性ではなく不変的に流れるもので，両座標系での時間の原点さえ一致させてやれば数値としても同じとなるからである．

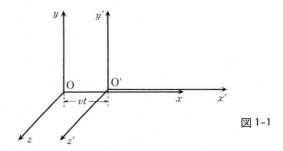

図 1-1

　このように，物理学の法則は同格であるどのような座標系で記述しても同じでなければならないとする考えを**相対性原理**(principle of relativity)とよぶ．ニュートン力学では，座標系(慣性系)間を結ぶ座標変換はこのガリレイ変換である．ガリレイ変換に対して物理法則が不変であることを**ガリレイの相対性原理**(Galilei's principle of relativity)とよぶ．

1-2　光速不変の原理とマイケルソン-モーレイの実験

1861 年，マックスウェルによって電磁場の基礎方程式が作り上げられた．電磁現象はこの方程式を解くことにより完全に記述されるようになったのである．

$$\mathrm{rot}\, \boldsymbol{E} = -\frac{\partial \boldsymbol{B}}{\partial t}$$

$$(1.4)$$

$$\mathrm{rot}\; \boldsymbol{H} = \frac{\partial \boldsymbol{D}}{\partial t} + \boldsymbol{j} \qquad (1.5)$$

$$\mathrm{div}\; \boldsymbol{D} = \rho \qquad (1.6)$$

$$\mathrm{div}\; \boldsymbol{B} = 0 \qquad (1.7)$$

$$\boldsymbol{D} = \varepsilon_0 \boldsymbol{E} \qquad (1.8)$$

$$\boldsymbol{B} = \mu_0 \boldsymbol{H} \qquad (1.9)$$

ここで $\boldsymbol{E}$ は電場ベクトル,$\boldsymbol{H}$ は磁場ベクトル,$\boldsymbol{D}$ は電束密度,$\boldsymbol{B}$ は磁束密度,$\boldsymbol{j}$ は電流密度,ρ は電荷密度,ε_0, μ_0 はそれぞれ真空の誘電率と透磁率である.

マックスウェルは,これらの方程式を解くことによって,電場や磁場が波となって伝わる電磁波が存在することを予言した.(1.4)式の rot をとり,それに(1.9), (1.5), (1.8)を代入することにより,電磁波の方程式が得られる.

$$\left(\frac{1}{c^2} \frac{\partial^2}{\partial t^2} - \Delta \right) \boldsymbol{E} = 0 \qquad (1.10)$$

$$c^2 = \frac{1}{\mu_0 \varepsilon_0} \qquad (1.11)$$

ここで Δ はラプラス演算子(ラプラシアン),$\Delta = \frac{\partial^2}{\partial x^2} + \frac{\partial^2}{\partial y^2} + \frac{\partial^2}{\partial z^2}$ である.波の伝播速度である c は(1.11)式で定義される量であるが,この値が光の速さと一致することから,光も電磁波の1つであることが明らかになったのである.

さて,ここで重大な疑問が生じる.物理学の基本方程式のなかに速度の次元をもつ量,c が現われたのである.速度は「何に対して」の速度であるかを示さなければ意味がない.つまり座標系を決めてはじめて意味のある量である.

ここで2つの立場が考えられる.第1は慣性座標間の相対性原理を放棄,もしくは修正する立場である.つまり無限に存在する慣性系の中に1つだけ絶対的な慣性系が存在し,マックスウェルの方程式(1.4)〜(1.7)はその座標系で成立しているのであり,光速 c はこの座標系での速度だとする立場

である．電磁波はこの絶対慣性系上で静止した仮想的な媒質，**エーテル**(ether)を伝播する波であると考えるのである．異なった座標系での法則や速度が知りたければ，ガリレイ変換によって求めればよいのである．この立場は当時としては最も素直で常識的考えであった．全物質世界の重心に固定された座標系(慣性系)が他の慣性系に比べて絶対的意味をもつとしても，それは自然である．

　これに対して第2の立場は，慣性系間の相対性原理は絶対的真理であり，マックスウェルの方程式はすべての慣性系で成立していると考える立場である．しかしこの立場に立てば，あらゆる慣性系で電磁波は光速で伝播することになる．これは当然ガリレイの相対性原理に反する．エスカレータ上で歩けば階段を歩くのに比べて地面に対しては速く運動するように，ガリレイの相対性原理は日常の経験からわれわれの身に染み込んでいるものであり，これを放棄することは「常識」にいちじるしく反することなのである．

　1887年，マイケルソン(A. A. Michelson)とモーレイ(E. W. Morley)は地球がエーテル，つまり絶対的慣性系にたいしてどのような速度で運動しているかを求める実験を行なった．地球は太陽の周りを速度 30 km/s で公転運動している．したがって，地球の進行方向とそれに垂直な方向とでは，光の速さは少なくとも 30 km/s 程度異なるはずである．図1-2 に示すように，光源から放射された光線は半透過な鏡 M_0 に入射し，これによって反射され

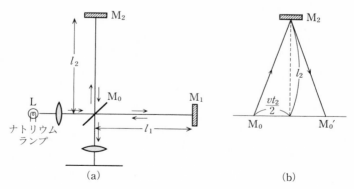

図1-2　マイケルソン-モーレイの実験

鏡 M_2 に向かうものとまっすぐ進み鏡 M_1 に向かうものの2つに分岐する．鏡 M_1 の方向に地球はエーテル中を運動していると仮定しよう．鏡 M_2 によって反射された光線は M_0 を通過しスクリーンに，また鏡 M_1 によって反射された光線は鏡 M_0 に反射され同じくスクリーンに到達する．2つの光線はスクリーン上で干渉し，その上に干渉縞を作る．干渉を調べるために，2つの経路の光路差を求めよう．まず光が $M_0 \to M_1 \to M_0$ と往復する時間，t_1 は

$$t_1 = \frac{l_1}{c-v} + \frac{l_1}{c+v} \tag{1.12}$$

である．ここで l_1 は鏡 M_0 と M_1 との距離，v はエーテルに対する地球の速度である．また経路 $M_0 \to M_2 \to M_0$ と往復する時間 t_2 は，図 1-2(b) に示すようにピタゴラスの定理から

$$t_2 = 2\frac{\sqrt{l_2{}^2 + (vt_2/2)^2}}{c} \tag{1.13}$$

と表わせる．これを解くことによって，t_2 は次のように求められる．

$$t_2 = \frac{2(l_2/c)}{\sqrt{1-(v/c)^2}} \tag{1.14}$$

これにより光路差 Δ_a は

$$\begin{aligned}
\Delta_a &= c(t_1 - t_2) \\
&= 2\left(\frac{l_1}{1-(v/c)^2} - \frac{l_2}{\sqrt{1-(v/c)^2}}\right)
\end{aligned} \tag{1.15}$$

と求められる．次に装置全体を 90 度回転させ，鏡 M_2 の方向が地球の進行方向になるようにしよう．この場合の光路差 Δ_b は同様に

$$\Delta_b = 2\left(\frac{l_1}{\sqrt{1-(v/c)^2}} - \frac{l_2}{1-(v/c)^2}\right) \tag{1.16}$$

となる．この2つの経路の光路差の差 δ は近似的に

$$\delta = \Delta_a - \Delta_b \approx (l_1 + l_2)(v/c)^2 \tag{1.17}$$

となる．したがって，90 度の回転によってこの光路差分だけ干渉縞は移動することになる．しかしマイケルソンとモーレイの行なった実験では，干渉縞は有意に移動することはなかった．またそれは季節によって変化すること

もなかった.

　マイケルソンとモーレイはこの実験結果から，地球のエーテルに対する速度 v は 5 km/s 以下であることを示したのである．現在のレーザー光線をもちいた精密な実験では，この値は 30 m/s 以下となっている．光が絶対慣性系に対して c の速さで伝播するという第 1 の立場に立てば，この値は少なくとも公転速度 30 km/s 以上でなければならない．公転運動による地球の運動の方向は冬と夏では反対方向であるので，その差が季節変動として観測されるはずである．したがってマイケルソン-モーレイの実験は，光の速さはどの慣性系でも同じであるという第 2 の立場が正しいことを明確に示しているのである.

　光速がどの慣性系でも同じ値であることを**光速不変の原理**(principle of constancy of light velocity)という．この実験から 17 年後，アインシュタインは，マックスウェルの方程式をはじめ物理学の法則はすべての座標系(慣性系)で同じでなければならないことを明確に認識し，特殊相対論を作り上げたのである.

1–3　ローレンツ変換

それでは，慣性座標の間を結ぶ座標変換はどのようなものでなければならないのだろうか？　ニュートン力学でのガリレイ変換は光速不変の原理に矛盾する．しかし，少なくとも 2 つの座標系の相対速度 v が光速よりはるかに小さい場合，ガリレイ変換は近似的に正しいはずである．そこでアインシュタインは，次の 3 つの条件を指導原理としてガリレイ変換を拡張し，正しい座標変換を求めた.

　(1)　相対性原理(座標系(慣性系)の相対性)
　(2)　光速不変の原理
　(3)　$v/c \ll 1$ の極限でガリレイ変換に一致する.

　まず(1)の座標系の相対性より，座標変換は次式のように線形の変換でなければならない.

$$\begin{pmatrix} ct' \\ x' \\ y' \\ z' \end{pmatrix} = \begin{pmatrix} a_{00} & a_{01} & a_{02} & a_{03} \\ a_{10} & a_{11} & a_{12} & a_{13} \\ a_{20} & a_{21} & a_{22} & a_{23} \\ a_{30} & a_{31} & a_{32} & a_{33} \end{pmatrix} \begin{pmatrix} ct \\ x \\ y \\ z \end{pmatrix} \tag{1.18}$$

なぜなら，もし t や x, y, z に関して2次や3次の項を含むなら，x 系で等速運動している質点は x' 系で力を受けないにもかかわらず加速度運動をしていることになる．x 系での等速運動が x' 系でも等速運動であるためには，またその逆も成立するためには，(1.18)のような線形変換でなければならない．

　ここで注意しなければならないことは，x' 系の時間 t' は x 系の時間 t とは異なるとして変換を考えていることである．アインシュタインは，座標系とは無関係に時間は流れているとする，絶対時間の概念を放棄し，時間も座標系ごとに異なるとしたのである．絶対時間の概念を放棄しない限り，上の条件(1)〜(3)を満たすことはできないのである．

　(1.18)の変換では，時間そのものをもちいず，それに光速をかけた ct をもちいた．これは，座標と同じ長さの次元をもった量として変換すると，変換の行列が無次元となり，きれいな形式で表現されるからである．

　数学的複雑さを避けるために，ガリレイ変換を考えた場合と同様に2つの慣性系を考え，x' 系が x 系に対して x 軸方向に速度 v で運動しているとしよう(図1-1)．同様に $t = t' = 0$ で両座標系の時間の原点は一致していたとしよう．また y 軸と y' 軸，また z 軸と z' 軸は完全に重なっているものとする．つまり，$y' = y$，$z' = z$ である．これより対角要素は $a_{22} = a_{33} = 1$ であるが，他は $a_{20} = a_{21} = a_{23} = a_{30} = a_{31} = a_{32} = 0$ である．また同様に，$a_{02} = a_{03} = a_{12} = a_{13} = 0$ でなければならない．もしこれらの要素が0でなければ，(1.18)の逆変換，x' 系から x 系への変換を考えたとき $y = y'$，$z = z'$ とならず，y や z は ct' や x' の関数になってしまう．したがってこの場合，(1.18)は

$$ct' = a_{00}ct + a_{01}x$$
$$x' = a_{10}ct + a_{11}x$$
$$y' = y$$

$$z' = z$$

$$(1.19)$$

となる.

　x 系の原点 O は x' 系上では，x' 軸の負の方向に速度 v で移動するので，その x' 系での座標値は

$$x' = -vt'$$

$$(1.20)$$

である．これは (1.19) 式に $x=0$ を代入して求められる原点 O の運動の式,

$$ct' = a_{00}ct \qquad (1.21)$$

$$x' = a_{10}ct \qquad (1.22)$$

と一致しなければならない．(1.20), (1.22) 式より　$-vt'=a_{10}ct$ であり，これを (1.21) 式に代入すると

$$\frac{a_{10}}{a_{00}} = -\frac{v}{c} \qquad (1.23)$$

である．同様に x' 系の原点 O' は，x 系では x 軸上を正の方向に速度 v で運動しているのだから,

$$x = vt \qquad (1.24)$$

であり，これは (1.19) 式に $x'=0$ を代入して求められた運動,

$$x = -\frac{a_{10}}{a_{11}}ct \qquad (1.25)$$

と一致しなければならない．つまり，$vt = -(a_{10}/a_{11})ct$ より

$$\frac{a_{10}}{a_{11}} = -\frac{v}{c} \qquad (1.26)$$

である．(1.23), (1.26) 式より $a_{00}=a_{11}$ でなければならない．ここで後の便宜上

$$a_{00} = a_{11} = \gamma \qquad (1.27)$$

とおく.

　次に時刻 $t=t'=0$ に原点から x 軸方向に光を放出したとしよう．放出された光は x 系においては $x=ct$ と運動していく．これを座標変換 (1.19) を用いて x' 系の座標に変換すると,

$$ct' = (a_{00} + a_{01})ct, \qquad x' = (a_{10} + a_{11})ct \tag{1.28}$$

となる。一方，光速不変の原理から，x' 系において放出された光も同様に $x' = ct'$ と運動するはずである。これを (1.28) に代入すると $(a_{00} + a_{01}) = (a_{10} + a_{11})$ が得られる。これと (1.27) より

$$a_{01} = a_{10} \tag{1.29}$$

でなければならない。このようにして，ct, x の変換式は

$$ct' = \gamma \cdot ct - \gamma(v/c) \cdot x$$
$$x' = -\gamma(v/c) \cdot ct + \gamma \cdot x \tag{1.30}$$

となる。この座標変換の逆変換は，(1.30) を ct, x について解くと

$$ct = \frac{1}{\gamma[1-(v/c)^2]}ct' + \frac{v/c}{\gamma[1-(v/c)^2]}x'$$
$$x = \frac{v/c}{\gamma[1-(v/c)^2]}ct' + \frac{1}{\gamma[1-(v/c)^2]}x' \tag{1.31}$$

となる。この逆変換は，x' 系からそれに対して x' 方向に速度 $-v$ で運動している x 系への座標変換に対応する。したがってこれは，いま求めようとしている座標変換式 (1.19) において，座標値に ′ がついているものといないものとを入れ換えて，速度 v を $-v$ に置き換えたものと同じものであるはずである。具体的にはこの場合，(1.19) を書き換えた (1.30) において，

$$ct' \to ct, \qquad x' \to x, \qquad ct \to ct', \qquad x \to x'$$

と置き換え，さらに，v を $-v$ に置き換えた式

$$ct = \gamma \cdot ct' + \gamma(v/c) \cdot x'$$
$$x = \gamma(v/c) \cdot ct' + \gamma \cdot x' \tag{1.32}$$

は (1.31) に一致しなければならない。これより

$$\gamma = \frac{1}{\sqrt{1-(v/c)^2}} \tag{1.33}$$

であることがわかる。

(1.33) と (1.30) 式より，(1.19) は

$$ct' = \frac{1}{\sqrt{1-(v/c)^2}}ct - \frac{v/c}{\sqrt{1-(v/c)^2}}x$$

$$x' = -\frac{v/c}{\sqrt{1-(v/c)^2}}ct + \frac{1}{\sqrt{1-(v/c)^2}}x$$
$$y' = y$$
$$z' = z$$

(1.34)

となる．これを**ローレンツ変換**(Lorentz transformation)という．このローレンツ変換は速度 v が光速 c に比べて十分小さい極限 ($v/c \ll 1$) では，v/c の 2 次のオーダーを無視することによりガリレイ変換(1.3)に帰着することは容易に確かめられる．各自試みてほしい．

ローレンツ変換はローレンツ(H. A. Lorentz)によって，マックスウェル方程式が座標変換に対して不変である条件からまず求められた．しかしローレンツは，これが時空の基本的性質であるということには気づかなかったのである．

(1.34)式は，2 つの座標系が x 方向に相対速度をもつ特別な場合のローレンツ変換である．しかし，相対速度がどんな方向であっても相対速度の方向を x 軸にとるようにしてやれば，いつでもこの式を用いて変換をすることができる．

1-4　ミンコフスキー時空

ローレンツ変換はこのようにガリレイ変換の拡張であるが，もっとも大きな違いはガリレイ変換では時間は座標のとりかたとは無関係に流れる絶対的なものであったのに対して，ローレンツ変換では時間は空間座標と一体となって変換されることである．アインシュタインの数学の先生でもあったミンコフスキー(H. M. Minkowsky)は，x, y, z という 3 次元空間座標に時間をも加えた 4 次元の空間を考え，ローレンツ変換はこの 4 次元空間でのある種の回転であることを示した．この 4 次元空間を**ミンコフスキー時空**，もしくは**ミンコフスキー空間**という．

物理現象を記述するためには，その出来事が起こった時間と場所を示さね

ばならない．相対論では出来事を**事象**(event)とよび，それはミンコフスキー時空での1つの点として表現される．ミンコフスキー時空での1点を**世界点**(world point)とよぶ．質点の運動はこの時空での曲線となるが，そのような線を**世界線**(world line)とよぶ．

時間軸を ct としたミンコフスキー時空(図1-3)では，原点を通過する光は時間軸から45度傾いた円錐面

$$(ct)^2 - (x^2 + y^2 + z^2) = 0 \tag{1.35}$$

の上を伝播することになる．この円錐を**光円錐**(light cone)とよぶ．もっとも，(1.35)を円錐面とよんだが，これは4次元時空の中の3次元の次元をもつ空間で，2次元の面ではない．原点から出発するいかなる物理的な情報も，この光円錐の外部に伝わることはない．つまり，原点からの信号の速度は光速以下であるので，この光円錐上とその内部には影響を及ぼすことができるが，外には影響を及ぼすことはできない．光円錐の内部，つまり原点での事象と因果関係をもつことのできる領域は**時間的**(time like)領域と呼ばれる．一方，光円錐の外側，つまり原点での事象と因果関係をもてない領域は**空間的**(space like)領域とよばれる．

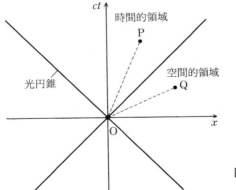

図1-3

ここで，2つの世界点 (ct_1, x_1, y_1, z_1) と (ct_2, x_2, y_2, z_2) の間で定義される長さの次元をもった量，s_{12} を定義しよう．

$$s_{12}{}^2 = -(ct_2 - ct_1)^2 + (x_2 - x_1)^2 + (y_2 - y_1)^2 + (z_2 - z_1)^2 \tag{1.36}$$

s_{12} は**世界間隔**とよばれ，3次元空間での距離を $l(l^2 \equiv (x_2-x_1)^2 + (y_2-y_1)^2 + (z_2-z_1)^2)$ を拡張したもので，ミンコフスキー時空での「距離」に対応するものである．ただし，時間の差の2乗は，加算するのではなく，空間的距離から差し引くように定義される．また原点と世界点との世界間隔の2乗は，

$$s^2 = -(ct)^2 + x^2 + y^2 + z^2 \tag{1.37}$$

となり，s を**世界長さ**とよぶ．この世界長さを用いて表現するならば，光円錐は $s^2 = 0$ の面であり，時間的領域とは $s^2 < 0$，または空間的領域とは $s^2 > 0$ の領域のことである．

さて，この世界長さはローレンツ変換に対して不変であることを示そう．x 系での世界点 (ct, x, y, z) がローレンツ変換によって x' 系の世界点 (ct', x', y', z') に変換されたとしよう．x' 系での世界長さは定義より

$$s'^2 = -(ct')^2 + x'^2 + y'^2 + z'^2 \tag{1.38}$$

である．この式にローレンツ変換(1.34)を代入してみよう．ct' や x' の2乗の計算をすることにより容易に

$$s'^2 = s^2 \tag{1.39}$$

となることがわかる．これは3次元空間で回転座標変換によって原点までの距離，$l^2 = x^2 + y^2 + z^2$ が変化しないことと類似している．実際，角度 θ を

$$\frac{v}{c} = \tanh \theta \tag{1.40}$$

と定義すれば，ローレンツ変換(1.34)は

$$\begin{pmatrix} ct' \\ x' \\ y' \\ z' \end{pmatrix} = \begin{pmatrix} \cosh \theta & -\sinh \theta & 0 & 0 \\ -\sinh \theta & \cosh \theta & 0 & 0 \\ 0 & 0 & 1 & 0 \\ 0 & 0 & 0 & 1 \end{pmatrix} \begin{pmatrix} ct \\ x \\ y \\ z \end{pmatrix} \tag{1.41}$$

と書き換えることができる．

このようにローレンツ変換は，ミンコフスキー空間の距離，すなわち世界長さを不変にする座標変換であるという幾何学的な美しい意味をもっている．そこでむしろ逆に，「世界長さを不変にする座標変換をローレンツ変換という」と定義する方が美しい理論の定式となる．ただし，このように定義した

場合，時間反転と空間反転を同時に行なう変換，$ct'=-ct$, $x'=-x$, $y'=-y$, $z'=-z$ を含む変換をもローレンツ変換の中に含むことになる．例えば (1.41) の右辺の行列の要素の符号をすべて反対にした変換は世界長さを不変にするが，時間の方向や空間の方向は反対向きになる．時間反転，空間反転を含まないローレンツ変換を**正規ローレンツ変換**(proper Lorentz transformation) とよぶ．

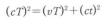

中学生でもわかる特殊相対性理論

私は中学生のころ解説書を読み，アインシュタインの相対性理論によると，速く運動している乗り物の中では時間の進みが遅くなるということを知った．しかし，なぜそうなるのかは，難しい数学を勉強しなければわからないと思っていた．

じつはこの時間の遅れは，ピタゴラスの定理さえ知っていれば簡単に理解できる．「光時計」とよばれる時計を考えよう．円筒の下端に発光体が，上端に鏡があり，発光体から出た光が上端の鏡で反射され下端に戻って来たときに検出する簡単な時計である．この時計を速さ v で運動している電車に乗せ，光が下端から上端に到着する時間を地上と電車の中でそれぞれ測る．電車の中で測定した時間を t，地上で測定した時間を T とする．光速不変の原理によりどちらでも光の速さは c である．ct は円筒の長さになる．一方，地上から観測すると電車が動いているため斜めに進むことになり，光路の長さは cT である．地上から観測していると光時計は距離 vT だけ進む．ピタゴラスの定理により

$$(cT)^2=(vT)^2+(ct)^2$$

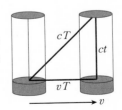

である．この式を整理して電車の中の時間 t は，

地上の観測者の時間 T で表すと

$$t = \sqrt{1 - \left(\frac{v}{c}\right)^2}\, T$$

となる。時間のローレンツ変換は中学生にも十分導き出せるのである。

1-5 特殊相対論での時間と長さ

この節では，議論を簡単化するために，空間方向としては x 軸のみを考え，y 軸，z 軸の値はゼロとして話を進めよう。

同時性の相対性

x 系において 3 つの事象を考えよう。原点 O $(0,0)$ でピストルが発射されたとし，この事象を O とする。その結果として，時間的領域内の世界点 P(ct_p, x_p)，$ct_p > x_p > 0$，で人が射殺されたとする。また原点でのピストルの発射の事象 O とは因果関係のない空間的領域内の世界点 Q で，少し時間的に後に別のピストルが発射されたとしよう。この別のピストルが発射された世界点の座標を (ct_q, x_q)，$x_q > ct_q > 0$，とする。これらの世界点 O, P, Q はローレンツ変換(1.34)により，速度 v で運動している x' 系では原点 O′ および世界点 P′, Q′ に変換されたとする。x' 系の運動の速さ v を変化させると，P′ や Q′ は x' 系の上でどのように移動するであろうか？

もちろん速度 v がゼロの時，その座標値は x 系での値と同じである。図 1-4 に，速度の上昇とともに世界点 P′, Q′ がどのように移動するかを示す。世界間隔の 2 乗はローレンツ変換に対して不変であるので，世界点 P′ は，

$$-(ct_p')^2 + (x_p')^2 = s_P{}^2 \quad (<0) \tag{1.42}$$

という双曲線の上を左に移動していく。ここで $s_P{}^2$ は OP 間の世界間隔の 2 乗で $s_P{}^2 = -(ct_p)^2 + (x_p)^2$ である。P 点は時間的領域 $(x_p < ct_p)$ にあるので $s_P{}^2$ は負である。この双曲線は x 軸と交わることなく常に $t_p' > 0$ であり，ピストルが発射されたという事象 O′ が起こった後，人が射殺されるという事象 P′ が結果として起こったという時間の順序関係は，x' 系の観測者にとっても

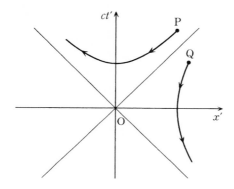

図 1-4 x' 系での時間的
事象と空間的事象

常に保たれている. 一方, Q' は速度 v の上昇とともに双曲線,

$$-(ct_q')^2+(x_q')^2 = s_Q{}^2 \quad (>0) \tag{1.43}$$

の上を下方に向かい, x 軸を横切り, 時間が負の領域に移っていく. ここで
$s_Q{}^2$ は OQ 間の世界間隔の 2 乗で, $s_Q{}^2=-(ct_q)^2+(x_q)^2$ である. Q 点は空間
的領域 $(x_q>ct_q)$ にあるので $s_Q{}^2$ は正である. 世界点 Q' が x 軸上に来たとい
うことは, 元の x 系では世界点 O でピストルが発射された後, 世界点 Q で
ピストルが発射されたことになっているのに, x' 系では 2 つのピストルの
発射は同時刻 $(t_q'=0)$ ということになる. さらに Q' は下方に向かい, $t_q'<0$
となる. これは逆にまず Q' での発射が O での発射より早かったということ
になる. つまり, x 系では事象 O が起こった後 Q が起こったという時間順
序関係は, x' 系では十分速度 v が大きい場合逆になり, 事象 Q が起こった
後に O が起こったことになるのである.

　ニュートン的な絶対時間になれているわれわれには, 一見これは矛盾する
ように感じる. しかし, 因果関係のない 2 つの出来事がどちらが先でどちら
が後で起こったかということは, まったく意味のないことである. この世界
点 Q の例でも明らかなように, 空間的領域にあるすべての事象は, 適当な
速度の座標系に移ることにより同時刻にすることができるし, 前に起こった
ようにもできる. 相対論では同時という概念は意味がなく, 重要なことは,
2 つの事象が時間的か空間的かということである.

　2 つの座標系 x 系および x' 系の原点にそれぞれ固定された 2 つの時計 C

と C′ を考えよう．時刻 $t=t'=0$ で両者は同じ位置にあり，時計はゼロにセットしたものとする．時計 C′ は x 系では速度 v で x 方向に運動しているので，時刻 T での時計の世界点を P とすると，その座標値は $(ct, x)=(cT, vT)$ である．また x' 系では C′ は原点で静止しているので，座標値は $(ct', x')=(c\tau, 0)$ である．ローレンツ変換よりこれらの座標値の間には

$$c\tau = \frac{cT-(v/c)vT}{\sqrt{1-(v/c)^2}} = \sqrt{1-(v/c)^2}\,cT \qquad (1.44)$$

の関係がある．これは

$$\tau = \sqrt{1-(v/c)^2}\cdot T \qquad (1.45)$$

と書きなおすことができる．この式は $\tau < T$ であることを示しており，運動している時計を観測したとき，その時計が τ という時刻を示しているにもかかわらず，x 系の観測者の自分の時計ではすでに T という時刻を刻んでいることを示している．つまり，観測者に対して運動している時計は遅れて見えるのである．

例えば $v=(\sqrt{3}/2)c\approx0.87c$ で x' 系が運動している場合，x 系で $T=2$ 時間となっていても，(1.45) の示すように x' 系の時計は $\tau=1$ 時間にしかなっていないのである．

自分が静止しているような座標系で測定する時間を，その物体の**固有時間**(proper time)とよぶ．ここでは τ が時計 C′ の固有時間である．素粒子の寿命はその素粒子が静止している座標での時間，固有時間で示されている．宇宙線のなかに多量に存在するミュー粒子の寿命は 2×10^{-6} s である．宇宙線中のほとんどのミュー粒子は地球大気の上方 1 万 m あたりで陽子などの宇宙線によって発生し，光速に近い速さで地上にふりそそぐが，その寿命の間に走ることのできる距離を単純に (寿命)×(光速) とすると，その値はわずか 600 m であり，地上に達しない．しかし現実には，多量のミュー粒子は地上にふりそそいでいる．これは地上の観測者 (x 系) からは寿命が固有のもの (ミュー粒子に固定した座標系 x' 系での寿命) より $\dfrac{1}{\sqrt{1-(v/c)^2}}$ 倍長くなってしまうからである．

さてここで設定を逆にし，x' 系に静止した観測者が x 系に固定された

時計 C を観測することにしよう．具体的に上に示した例のように $v=$ $(\sqrt{3}/2)c \approx 0.87c$ で x' 系が運動している場合，x 系で $T=2$ 時間たっていても，x' 系の時計 C′ は x 系から観測すると $\tau=1$ 時間しかたっていない．そこで $\tau=1$ 時間の時刻に x' 系から x 系の時計 C を観測することにしよう．

座標系の相対性から運動している時計は遅れるのであるから，x 系の時計が遅れていなければならないはずである．$\tau=1$ 時間の時に時計 C がどれだけ進んでいるかを計算するには，座標の相対性から立場が逆転しただけなのだから，関係式(1.45)で，τ と T を入れ換えた式，

$$T = \sqrt{1-(v/c)^2} \cdot \tau \qquad (1.46)$$

を用いると，この時の時計 C の時刻がわかるはずである．$\tau=1$ 時間を代入すると $T=0.5$ 時間という値が得られる．しかし初めに示したように x 系から x' 系の時計を観測した議論から時計 C′ が $\tau=1$ 時間を刻んでいるとき，時計 C は $T=2$ 時間を刻んでいるのであるから矛盾しているように見える．x 系の観測者は $T>\tau$ と主張し，逆に x' 系の観測者は $T<\tau$ と主張しているわけである．このように，座標の相対性にしたがって互いに相手の時計が遅れていると主張することになってしまう．このみかけの矛盾を「時計のパラドックス」という．読者の皆さんはこのパラドックスの原因を見抜けるだろうか？

このパラドックスは，x' 系の観測者が時計 C を観測するということの意味をきちんと調べることにより解決される．これには x 系の座標の上に x' 系の座標系を重ねて示す方法が便利である．まず x' 系の空間軸つまり $ct'=0$ の直線は x 系の座標の上で，どのような直線となるかを調べよう．これはローレンツ変換(1.34)において $ct'=0$ とおくことにより，

$$ct = (v/c)x \qquad (1.47)$$

と求められる．これが空間軸 x' である．ここで

$$v/c = \tan\theta \qquad (1.48)$$

と θ を定義すると，θ は図1–5に示されているように x 軸と x' 軸との間の角度である．同様に x' 系の時間軸つまり $x'=0$ の直線は x 系の座標の上でどのような直線となるかを調べよう．ローレンツ変換において $x'=0$ とおく

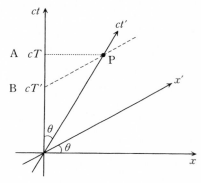

図1-5 時間のパラドックスと斜交座標

ことにより，

$$x = (v/c) \cdot ct \tag{1.49}$$

と求められる．これが時間軸 ct' である．図1-5に示されているように，ct 軸と ct' 軸との間の角度も θ である．このように x' 系の座標は x 系の上では斜交座標系として表わすことができる．速度 v がゼロでは両座標系は完全に重なり（$\theta=0$），$v \to c$ の極限では $\theta \to \pi/4$ に近づき，ct' 軸と x' 軸が重なってしまう．

　さて，この図の上に，x' 系での時間でP点と同じ時刻である同時刻線（x' 軸に平行でP点を通る線）を破線で示す．この同時刻線が ct 軸と交わる点をBとする．つまり，世界点Pにいる x' 系に静止した観測者が観測する時計Cは，世界点Aにあるのではなく世界点Bにあるのである．Bの x 系での座標値を $(cT', 0)$，x' 系での座標値を $(c\tau, x_B')$ とすると，x' 系から x 系へのローレンツ変換より

$$cT' = (c\tau - (-v/c)x_B')/\sqrt{1-(v/c)^2} \tag{1.50}$$

$$0 = (-(-v/c)c\tau + x_B')/\sqrt{1-(v/c)^2} \tag{1.51}$$

が得られる．x_B' を消去し，τ と T' の関係を求めると

$$T' = \sqrt{1-(v/c)^2} \cdot \tau \tag{1.52}$$

となる．$T' < \tau$ であり，x' 系の観測者から x 系に静止した時計Cを観測したとき，それは遅れて見えることを示している．この関係は x 系の観測者が x' 系の時計は遅れているという主張，(1.45)式となんら矛盾しない．x

系での $A(cT, 0)$ と $B(cT', 0)$ は異なる世界点であり，$T' < \tau < T$ であるからである．パラドックスのように見えたのは，x' 系で P 点と同時刻を A 点と誤解したことから生じているわけである．(1.46) は誤りで，この式の T は T' に置き換えなければならない．それは (1.52) 式にほかならない．このように，相互に運動している相手の時計が遅れているという主張はどちらも正しく，なんら矛盾するものではない．

双子のパラドックス

上に述べた時計のパラドックスは，異なる世界点におかれた 2 つの時計を比較するときの同時性の混乱から生じたものであった．それでは x' 系に固定した時計 C′ を世界点 P（その時の時刻は τ）で速度が $-v$ である x'' 系に移しかえ，もと来た道を逆にたどらせるとする．すると，時刻 2τ には出発点に帰ることになる．この帰着時では出発時と同様に 2 つの時計はまったく同じ世界点に重なっているのであり，互いに時計を見せ合いその針の位置を比較することによって時間の比較は何の問題もなくできるはずである．一方の時計が進んでいるならもう一方の時計は遅れていなければならない．互いに相手の時計が遅れているという主張は矛盾である．この矛盾を分かりやすく表現したものが，いわゆる双子のパラドックスである．

　双子の一方である太郎は地球に留まるが，もう一方の次郎はロケットに乗って宇宙旅行にでかける．そして次郎は時刻 τ に瞬時に速度を反転し帰路に向かう．すると時刻 2τ に地上に帰還することになる．地球に固定した x 系も，行きのロケットに固定した x' 系も，また帰りのロケットに固定した x'' 系もすべて慣性系であり，前の議論から自分の座標系で相手の時計を観測したとき相手の時計は遅れるはずである．つまり，次郎が帰還した時，太郎の立場から考えると「次郎は自分より若くなっている」はずだし，次郎から考えれば「太郎は自分より若くなっている」はずである．この矛盾を「双子のパラドックス」という．よく知られているように，この 2 人の主張で正しいのは，地球に固定した慣性系 x 系にはじめから終わりまで留まった方の主張である．

　x 系からみれば次郎は単にこの座標系での 1 粒子の運動にすぎず，その粒

子が一般に加速度運動をしていても，粒子が微小な距離を運動する間での粒子の運動は等速運動と見なせる．したがって粒子の固有時間 $\Delta\tau$ と x 系での時間 Δt との関係は(1.45)より

$$\Delta\tau = \sqrt{1-(v(x)/c)^2}\,\Delta t \tag{1.53}$$

である．ここで $v(x)$ は x 系での粒子の速度で，粒子の x 系での軌道の式，$x=f(t)$ の時間微分，$v(x)=df(x)/dt$ である．これを積分することにより，固有時間はその粒子が加速運動していようと

$$\tau = \int_0^t \sqrt{1-(v(x)/c)^2}\,dt \tag{1.54}$$

と求められる．次郎は P 点で速度を反転する加速度運動を瞬時に行なうが，その加速度運動はなんらこの積分には寄与しない．したがって帰着点 Q での x 系での時刻は $2T$，宇宙旅行してきた時計の固有時間は 2τ である．当然，宇宙旅行してきた次郎が若いままである $(2\tau<2T)$．

　宇宙旅行してきた次郎がこれと同じことを主張することはできない．次郎に固定した座標系は慣性系ではないからである．次郎に固定した座標系は x' 系という慣性系の一部と x'' 系の一部を糊付けしてくっつけたものである．2 つの慣性系をくっつけたものが慣性系になるならば任意の加速度系も微小な慣性系を無限に切り貼りすることで慣性系になってしまう．残念ながら慣性系と慣性系の相対性原理により作り上げられた特殊相対論の枠組みの中では，このような加速度系に乗った議論はできない．しかし，加速度運動の瞬間を除けば特殊相対論の範囲内で調べることができるので，次郎の立場から正しく考えてみよう．

　すでに，時計のパラドックスで調べたように，行きのロケットの座標 x' 系からみたとき折り返し点 P の時刻は τ，この点と同時刻である世界点の集まりである同時刻線(ct'＝一定)は ct 軸とは B 点で交わる(図1-6)．B 点での地上に残された時計は時刻 T'（式(1.52)）を刻んでいる．次に加速している短い時間での出来事は不問にして，帰りのロケットの座標 x'' 系に乗って考えよう．この x'' 系で折り返し点 P と同じ時刻である世界点の集まりである同時刻線(ct''＝一定)を図に示す．速度が逆向きであるので，この同時

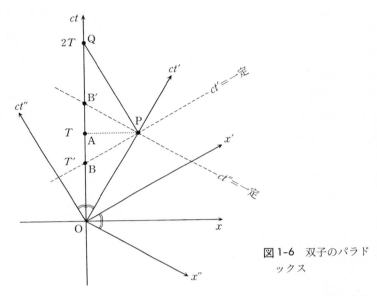

図 1-6 双子のパラド
ックス

刻線は $ct'=$一定 の同時刻線とは傾きが逆になっていることに注意しよう.
この同時刻線が x 系の ct 軸と交差する世界点を B′ とする. つまり座標系
を x' 系から x'' 系に移っただけで P 点と同時刻である x 系の世界点は, 瞬
時に B から B′ にジャンプする.

　図 1-6 からも明らかなように, 帰りに要する時間は行きの時間と同じであ
り, x'' 系での時間で τ (PQ 間), また x 系で T' (B′Q 間) である. 単純に
OB 間の経過時間と B′Q 間の経過時間を合計するならば, これは単に $2T'$
となり, これはロケット内で経過した時間 2τ より短くなり, 時計 C が遅れ
ているように見える. しかしこれは誤りである. 地球上の経過時間には BB′
間の経過時間を加えてやらなければならない. この時間は A 点と B 点との
時間差の 2 倍, つまり $2(T-T')$ である. これを加えると, x 系からみたロ
ケットが帰着するまでの時間は $2T$ となり, x 系で考えた値と一致する.

　この議論で不明な点は, x' 系から x'' 系に乗り換えたとたんにロケット内
では時間が経過していないにもかかわらず, 地球上では $2(T-T')$ の時間
がたってしまうということである. この原因は C′ が常に静止しているよう

に作った座標系，つまり x' 系の一部と x'' 系の一部を糊付けして作った座標系が慣性系，x 系で表現されているミンコフスキー空間すべてを覆うことができない不完全な座標系であることである．

　実際 2 つの同時刻線の間に挟まれた P 点より左側の領域(図 1-7)はこの不完全な座標系では表わすことはできない．例えば x 座標系の x 軸上で世界点 A を含む BB′ 上の世界点は，ロケットに固定したこの座標系では切り落とされており表現できないのである．また逆に，2 つの同時刻線($ct'=$一定，および $ct''=$一定)の間に挟まれた P 点より右側の領域は，この不完全な座標系では 2 価に表現される．なぜなら，その領域の世界点は x' 系，x'' 系の 2 つの座標値をもつからである．これは P 点という 1 点で加速度運動しただけであるが，前後の慣性系をつぎはぎするだけでは全時空を覆う座標系は作れないのである．特殊相対論の範囲では，B から B′ への時間のジャンプは座標系の不完全性によるものである．厳密に加速度系に乗って答えるためには，一般相対論が必要である(5-1 節「重力場での粒子の運動と測地線」をみよ)．

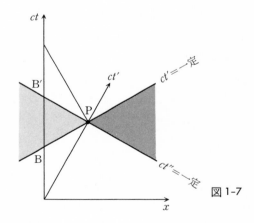

図 1-7

ローレンツ収縮

x' 系で静止している長さが l_0 の棒があったとしよう．自分自身が静止している座標系で測った長さのことを**固有長さ**(proper length)という．l_0 は固有長さである．この棒の長さを x 系で測ることを考える．

　計算を簡単にするために，棒は x 系の x 軸に沿って横たわって，運動している とする．さらに棒の一端 A に x' 系の原点をおく．そして A が x 系の原点 O を通過している瞬間で計算しよう．こうすると，端 A は x 系で原点にあることになり，計算が簡単だからである．他端は世界点 B にあるとする．x' 系では B 点の座標値は $(-cT, l_0)$ である．x 系で観測される棒の長さを l とすると，x 系での B 点の座標値は $(0, l)$ と書くことができる．ローレンツ変換 (1.34) より

$$l_0 = \frac{l}{\sqrt{1-(v/c)^2}} \quad \text{もしくは} \quad l = \sqrt{1-(v/c)^2} \cdot l_0 \tag{1.55}$$

となる．このように，本来 l_0 の長さの棒も，速さ v で運動しているときは，$\sqrt{1-(v/c)^2} \cdot l_0$ と短く観測される．

速度の合成

ニュートン力学では，電車の中を歩いている歩行者の地面に対する速度は，単純に歩行者の電車内での速度に電車の速度を加算したものである．しかし，この速度の合成則がどちらかの速度が光速度に近いとき破綻するのは明らかである．この合成則では，合成された速度が光速度を容易に越えてしまうことになるからである．相対論的な正しい合成則を求めよう．

　電車の速度を v とし，その中で速度 u' で人が歩いているとして，地面に静止している観測者から見たその速度 u を求めてみよう．電車は地面に固定した座標系 x 系で x 方向に進んでいるとしよう．電車に固定した座標系を x' 系とする．歩行者は微小時間 dt' の間に電車の中で dx', dy', dz' だけ進んだとすると，この座標系での歩行者の速度は，定義により

$$u_x' = \frac{dx'}{dt'}, \quad u_y' = \frac{dy'}{dt'}, \quad u_z' = \frac{dz'}{dt'} \tag{1.56}$$

である．この微小距離，dx', dy', dz' を地面から観測したときの長さはローレンツ変換より，

$$dx = \frac{dx' + v dt'}{\sqrt{1-(v/c)^2}} \tag{1.57}$$

$$dy = dy' \tag{1.58}$$

$$dz = dz' \tag{1.59}$$

また微小時間 dt' は，地面にたっている観測者にとっては，ローレンツ変換より

$$dt = \frac{dt' + (v/c^2)dx'}{\sqrt{1-(v/c)^2}} \tag{1.60}$$

である．したがって，これらの微小量 dt, dx, dy, dz より，

$$u_x \equiv \frac{dx}{dt} = \frac{dx' + vdt'}{dt' + (v/c^2)dx'} = \frac{(dx'/dt') + v}{1 + (v/c^2)(dx'/dt')}$$
$$= \frac{u_x' + v}{1 + vu_x'/c^2} \tag{1.61}$$

また，同様に

$$u_y \equiv \frac{dy}{dt} = \frac{dy'\sqrt{1-(v/c)^2}}{dt' + (v/c^2)dx'} = \frac{\sqrt{1-(v/c)^2}\,u_y'}{1 + (vu_x'/c^2)} \tag{1.62}$$

$$u_z \equiv \frac{dz}{dt} = \frac{dz'\sqrt{1-(v/c)^2}}{dt' + (v/c^2)dx'} = \frac{\sqrt{1-(v/c)^2}\,u_z'}{1 + (vu_x'/c^2)} \tag{1.63}$$

となる．(1.61)から明らかなように，v や u_x' が光速に近づいても，合成された速度 u_x は光速を越えることはない．また逆に，v や u_x' が光速に比べてはるかに小さいときは，ガリレイ変換による速度の合成式，$u_x = u_x' + v$ に帰る．また運動とは直交した y および z 方向の速度も，時間の進み方が変わるので，(1.62)や(1.63)に示されているような変換を受ける．

第1章 演習問題

1. 速度 v で走っている電車から，振動数 ν_0 の光がすべての方向に放射されている．電車の進行方向側の線路上に立っている観測者が観測する光の振動数 ν_1 を求めよ．

　　また線路と直交している道路の無限遠方で観測したとき，光の振動数 ν_2 はいくらか？

2. 静止状態で長さが $500\,\mathrm{m}$ の電車がある．しかし誤って，入り口から端まで

の長さが 400 m しかない車庫を作ってしまった．このままでは電車の後ろ側，100 m 部分は車庫外に残されてしまう．そこで電車係は，次のような方法をとれば電車をこの車庫に収容できると提案した．

「電車を光速の 4/5 の速さで等速運動させながら車庫に入庫させる．地面に固定されている車庫側からこの電車の長さを測定すると，ローレンツ短縮のため 400 m より十分短くなるはずである．電車の最後尾が車庫の入り口を通過したとたん，自動的に入り口のドアを閉じるようにしておく．同時に急ブレーキをかけてほとんど瞬時に電車を停止させる．電車の先頭と車庫の端の間には，いくらかゆとりがあるのだから，原理的には端に達するまでに停止させることはできるはずである．したがってこのようにすれば 500 m の電車も 400 m の車庫に収容できるはずである．」

車庫係の考え方はどこが誤りなのか？

アインシュタインの残した言葉

アインシュタイン――歴史上の科学者のなかで彼ほどその名を世界の人々によく知られ，人々の興味を引きつけた人物はいないであろう．科学者としての業績を越えて，彼が人々から愛されるのは，その人間的魅力によるのであろう．権威を嫌い，名誉や地位のためではなく学問を愛し自分の思うまま自由奔放に研究を進め，晩年は平和運動にも寄与した科学者，これが多くの人々がイメージしているアインシュタインではなかろうか？　アインシュタインは多くの名言を残している．

「学問の探求，そして一般に真理と美の探求は，われわれが生涯子供のままでいることを許してくれる分野だ」

「神は老獪だが，悪意はない」――「自然がその秘密を隠すのは本質のしからしめる高貴さのためであって，策略のためではない」

「私は神がどういう原理に基づいてこの世界を創造したのか知りたい．そのほかは小さなことだ」

「大胆な言い方をしますと，科学とは概念構成という方法によって，

存在を再創造しようとする試みです」

「世界についての永遠の謎は世界が理解できるということです」

知的好奇心の赴くところにしたがって研究に没頭している研究者の実に素直な名言である．

（アブラハム・パイス著，西島和彦監訳『神は老獪にして…』，産業図書(1987)；NHK アインシュタインプロジェクト編，金子務監修『私は神のパズルを解きたい』，哲学書房(1992)より）

2 物理法則の共変形式

前章の初めにも記したように，ニュートン力学で物理学の法則が慣性座標系間の座標変換に対して不変であることを「ガリレイの相対性原理」とよんだ．これまでの節で学んだように，慣性座標系間の正しい座標変換はローレンツ変換である．したがって，すべての物理法則はローレンツ変換に対して不変でなければならない．これを**特殊相対性原理**(principle of special relativity)とよぶ．「特殊」とよぶのは，座標変換が一般の任意の座標変換ではなく，ローレンツ変換という「特殊」な座標変換に限定されているからである．第5章で学ぶように，一般相対論では一般の座標変換に対して物理法則が不変になるように定式化する．したがって一般相対論では，座標系は慣性系である必要はなく，加速度系でもなんでもよいのである．

　この章では，物理法則がローレンツ変換に対して不変であることがすぐわかるような数学的な形式に物理学の法則を書き換えよう．たとえば特殊相対論の生みの親ともいうべきマックスウェルの方程式は，方程式を見ただけではそれがローレンツ変換に対して不変であることはわからない．一目見ただけで不変であることがわかる数学的形式を**共変形式**(covariant form)とよぶが，そのように物理法則を書き換えるためには，やや形式ばった説明が必要である．この形式ばった説明は一般相対論への拡張を考えてのことである．したがって，しばらく我慢して読んでほしい．

2-1 スカラー，ベクトル，テンソル

この節では，相対論を数学的に整備し，その意味がより深く理解できる形式にまとめあげることにしよう．

まず座標としては t や x, y, z の代わりに $x^0 = ct,$ $x^1 = x,$ $x^2 = y,$ $x^3 = z$ と定義された $x^i\,(i = 0, 1, 2, 3)$ をもちいる．座標の番号は右上の肩に書くと約束する．なぜ通常書くように右下に書くのではなく右肩に書くのかは，まもなくわかる．

ミンコフスキー空間での世界長さの2乗は(1.37)式で定義されているが，この座標表示では

$$s^2 = \sum_{i=0}^{3}\sum_{j=0}^{3} \eta_{ij}x^i x^j \tag{2.1}$$

と表わされる．ただし，ここで η_{ij} は

$$\eta_{ij} = \begin{pmatrix} -1 & 0 & 0 & 0 \\ 0 & 1 & 0 & 0 \\ 0 & 0 & 1 & 0 \\ 0 & 0 & 0 & 1 \end{pmatrix} \tag{2.2}$$

と定義される量である．η の添字は右下に書くと約束する．η_{ij} を「ミンコフスキー空間の計量テンソル」という．なぜこのような約束をしたり，η_{ij} にこのような名前がついているかは，まもなくわかる．和の記号 $\sum$ をたびたび書くのは面倒なので，数式の中の項で同じ添字があったときは，とくに断わらない限りその添字について 0 から 3 までの和をとるものと約束する．この約束はアインシュタインが最初に用いたことから「アインシュタインの省略」とよばれる．この約束に従うならば，(2.1)は簡潔に

$$s^2 = \eta_{ij}x^i x^j \tag{2.1}'$$

と書くことができる．世界長さの2乗が x 系でも x' 系でも不変である条件は

$$\eta_{ij}x'^i x'^j = \eta_{kl}x^k x^l \tag{2.3}$$

と書くことができる．これを満たす座標変換

$$x'^i = L^i{}_k x^k \tag{2.4}$$

がローレンツ変換である．(2.4)式を(2.3)式に代入することにより，$L^i{}_k$ に対する条件

$$\eta_{ij} L^i{}_k L^j{}_l = \eta_{kl} \tag{2.5}$$

が求められる．$L^i{}_j$ の要素は，x' 系が x 系に対して x^1 方向に速度 v で運動している場合，(1.34)のように座標系間の関係を指定すれば，具体的に表現することができる．ローレンツ変換は，座標の相対速度の成分に対応する 3 自由度の連続群である．単位元となるのは $L^i{}_j$ が単位行列であるもの，つまり恒等変換である．また x' 系から x 系への逆変換は逆行列に対応し，それはまたローレンツ変換である．

　相対論的な物理学を作り上げるためには，1 つの慣性系で定義されている物理量が別の慣性系でどのように表現できるかをはっきりさせておかねばならない．多くの物理量は世界点，つまり時刻と場所の関数である．このような物理量を「場の量」という．この場の量は，ローレンツ変換に対する変換性から，スカラー，反変ベクトル，共変ベクトル，そしてテンソルに分類できる．

スカラー

ローレンツ変換(2.4)は 1 次変換であるので

$$x'^i = \frac{\partial x'^i}{\partial x^j} x^j \tag{2.6}$$

と書くことができる．この場合 $L^i{}_j$ は

$$L^i{}_j = \frac{\partial x'^i}{\partial x^j} \tag{2.7}$$

である．

　1 つの座標系，例えば x 系の座標点の上に定義された物理量 $\phi(x^0, x^1, x^2, x^3)$ があったとする．以後，簡単化のために時刻，場所の関数であることを示すのに x^0, x^1, x^2, x^3 と書き並べるのは面倒であるので，簡単に $\phi(x)$ と記すことにする．ローレンツ変換により x' 系に移ったとき，x' 系でのその物

理量 $\phi'(x')$ の値が元の x 系での $\phi(x)$ と等しい場合，この物理量を**スカラー** (scalar) という．

$$\phi'(x') = \phi(x) \tag{2.8}$$

スカラー量の最も簡単な例は世界長さの 2 乗 s^2

$$s^2(x) = \eta_{ij} x^i x^j \tag{2.9}$$

である．ローレンツ変換の定義から，この値は $s'^2(x') = \eta_{ij} x'^i x'^j$ に等しい．つまり，(2.3) より

$$s^2(x) = s'^2(x') \tag{2.10}$$

であるので，$s^2(x)$ はスカラーである．平たくいえば，スカラーとは，物理的時空の各点で定義されている量で，どんな座標系でその点を表現しようともそれとは無関係に，物理的に同じ点なら値は同じである．

反変ベクトル

x 系で場の量として定義される 4 つの量の組，$(U^0(x), U^1(x), U^2(x), U^3(x))$，があったとする．これを 4 元ベクトルとみなし $U^i(x)$ と書く．それが x' 系へ

$$U'^i(x') = \frac{\partial x'^i}{\partial x^j} U^j(x) \tag{2.11}$$

のように変換される性質をもつとき，このベクトルを**反変ベクトル** (contravariant vector) という．反変ベクトルであることを示すために，軸の番号を示す添字は右肩に書くように約束する．この変換行列はローレンツ変換 $L^i{}_j$ そのものである．言い換えれば，反変ベクトルとは，座標ベクトル x^i と同じ変換 (2.4) によって，つまりローレンツ変換によって変換されるベクトルのことである．座標ベクトル x^i の添字を右肩に書くのは，これが反変ベクトルであることを示したいからである．

共変ベクトル

スカラー $\phi(x)$ の勾配ベクトル

$$V_i(x) = \frac{\partial \phi(x)}{\partial x^i} \tag{2.12}$$

の変換を考えよう．x' 系でのこのベクトル $V'_j(x')$ は

$$V_j'(x') = \frac{\partial \phi'(x')}{\partial x'^j} = \frac{\partial x^i}{\partial x'^j} \frac{\partial \phi(x)}{\partial x^i} = \frac{\partial x^i}{\partial x'^j} V_i(x) \tag{2.13}$$

のように変形することができる．このように，スカラーの勾配ベクトル $V_i(x)$ のように，ローレンツ変換の逆変換

$$\tilde{L}^i{}_j = \frac{\partial x^i}{\partial x'^j}$$

で変換されるベクトルを**共変ベクトル**(covariant vector)という．$\tilde{L}^i{}_j$ は行列で書けば $L^i{}_j$ の逆行列である．また逆変換であるから，$L^i{}_j$ の表式のなかの速度 v を $-v$ に置き換えたものでもある．

反変テンソル，共変テンソル，混合テンソル

2つの反変ベクトル $A^i(x), B^j(x)$ の成分の積がその i, j 成分となっているようなテンソル，

$$T^{ij}(x) = A^i(x) \cdot B^j(x) = \begin{pmatrix} A^0 B^0 & A^0 B^1 & A^0 B^2 & A^0 B^3 \\ A^1 B^0 & A^1 B^1 & A^1 B^2 & A^1 B^3 \\ A^2 B^0 & A^2 B^1 & A^2 B^2 & A^2 B^3 \\ A^3 B^0 & A^3 B^1 & A^3 B^2 & A^3 B^3 \end{pmatrix} \tag{2.14}$$

を考えよう．2つの添字をもつ $T^{ij}(x)$ のような量は，**2階のテンソル**(tensor of the 2nd rank)とよばれる．この $T^{ij}(x)$ は反変ベクトルの積であることから，座標変換によって次のように変換されることがすぐわかる．

$$T'^{ij}(x') = \frac{\partial x'^i}{\partial x^k} \frac{\partial x'^j}{\partial x^l} T^{kl}(x) \tag{2.15}$$

このような変換をするテンソルを**2階の反変テンソル**(contravariant tensor of the 2nd rank)という．

　同様に，2つの共変ベクトル $A_i(x), B_j(x)$ の積

$$T_{ij}(x) = A_i(x) \cdot B_j(x) \tag{2.16}$$

は，共変ベクトルの積であることから，座標変換によって次のように変換されることがすぐわかる．

$$T'_{ij}(x') = \frac{\partial x^k}{\partial x'^i} \frac{\partial x^l}{\partial x'^j} T_{kl}(x) \tag{2.17}$$

このような変換をするテンソルを**2階の共変テンソル**(covariant tensor of the 2nd rank)という.

同様に, 1つの反変ベクトル $A^i(x)$ と1つの共変ベクトル $B_j(x)$ の積

$$T^i{}_j(x) = A^i(x) \cdot B_j(x) \tag{2.18}$$

は, 反変ベクトルと共変ベクトルの積であることから, 座標変換によって次のように変換されることがすぐわかる.

$$T'^i{}_j(x') = \frac{\partial x'^i}{\partial x^k} \frac{\partial x^l}{\partial x'^j} T^k{}_l(x) \tag{2.19}$$

このような変換をするテンソルを**2階の混合テンソル**(mixed tensor of the 2nd rank)という.

これらを拡張し, より任意の高階の反変テンソル, 共変テンソルそして混合テンソルを定義することができる.

テンソルの例をいくらか示そう. 世界長さの2乗を(2.1)で表わすときもちいた η_{ij} は, どの座標系でも(2.2)と同様に定義されている. x' 系でのものを η'_{ij} と書くと, (2.5)式は

$$\eta'_{ij} = \tilde{L}^k{}_i \tilde{L}^l{}_j \eta_{kl} \tag{2.20}$$

のことである. つまりこれは η_{ij} が共変テンソルであることを示している.

一方

$$\eta^{ik} \eta_{kj} = \delta^i{}_j \tag{2.21}$$

により添え字が共に右肩に乗った η^{ik} を定義するならば, この量は反変テンソルである. ここで $\delta^i{}_j$ はクロネッカーのデルタであり,

$$\delta^0{}_0 = \delta^1{}_1 = \delta^2{}_2 = \delta^3{}_3 = 1, \qquad \delta^i{}_j = 0 \,(i \neq j) \tag{2.22}$$

と定義されている量である. 具体的に η^{ik} を求めると

$$\eta^{ik} = \begin{pmatrix} -1 & 0 & 0 & 0 \\ 0 & 1 & 0 & 0 \\ 0 & 0 & 1 & 0 \\ 0 & 0 & 0 & 1 \end{pmatrix}$$

であり, 値としては η_{ij} とまったく同じである.

η^{ik} や η_{ij} を用いることにより, 容易に共変ベクトルを反変ベクトルに変

えたり，またその逆が可能である．
$$A^i = \eta^{ik} A_k, \qquad B_k = \eta_{kl} B^l \tag{2.23}$$
もちろん物理的に A^i が表わす量と A_k が表わす量は同じものであるが，物理法則を記述する上で，反変ベクトルとして表現したりまた逆に共変ベクトルとしての表現が必要となってくるので，(2.23)のような変換が必要となってくるのである．定義から明らかなように，共変と反変の違いは 0 成分の符号が反対であるだけで $(A^0 = -A_0)$，$1, 2, 3$ 成分はまったく同じもの $(A^1 = A_1, A^2 = A_2, A^3 = A_3)$ である．

読者の皆さんは，簡単なことをずいぶん形式ばってわざと難しそうに議論しているように感じられるかもしれない．確かに特殊相対論だけを理解するだけなら，このような形式ばった展開は必要ないが，ここでこのようなことをしているのは一般相対論の準備としての形式を展開しているので，概念を理解しながら学んでほしい．

テンソル演算での約束を示しておこう．

高階の混合テンソル $A^{ijk\cdots}{}_{pqr\cdots}$ において反変および共変成分の任意の 1 対を同じ添字とし，その添字について $0, 1, 2, 3$ と和をとり，2 階分低い階のテンソルを作ることを**縮約**(contraction)という．例えば式で書けば
$$B^{jk\cdots}{}_{pr\cdots} = \sum_{i=0}^{3} A^{ijk\cdots}{}_{pir\cdots} \tag{2.24}$$
はその一例である．テンソル $A^{ijk\cdots}{}_{pqr\cdots}$ の共変成分(下添字)の 2 番目の q を i に置き換え縮約したものである．当然，1 階反変 1 階共変のテンソルを縮約すれば，スカラーになる．

反変ベクトル $A^i(x)$ と共変ベクトル $B_i(x)$ よりスカラー量
$$C(x) = A^i(x) B_i(x) \tag{2.25}$$
を作ったとき，この積を**スカラー積**という．

ベクトル長さ $(A)^2$ とは
$$(A)^2 = A^i A_i = \eta_{ij} A^i A^j = \eta^{ij} A_i A_j \tag{2.26}$$
である．

2-2 物理法則の共変形式 1 ——電磁場の方程式

さて，それでは具体的に物理法則がローレンツ変換に対して不変であること
がすぐわかるような形式に物理学の法則を書き換えてみよう．物理量がスカ
ラーなのか，ベクトルなのか，もしくはテンソルなのかをはっきりわかるよ
うに示し，それらの関係式を座標変換に対する変換性が自明なように書き下
すことを，**共変形式**(covariant form)で書くという．

1-2 節で述べたように，電磁場の基礎方程式は光速が座標系によらず不変
であることを示している．電磁場の方程式は特殊相対論の生みの親とも言え
よう．実際，歴史的にローレンツがローレンツ変換を導いたのは，電磁場の
方程式を不変にする座標変換として導いたのである．しかし，基礎方程式
(1.4)〜(1.7)を見ても，すぐにそれがローレンツ変換に対して不変であるか
どうかは判断できない．そのためには，方程式をローレンツ変換に対するテ
ンソル方程式として書きなおしてやればよい．

具体的に(1.7)と(1.4)をあわせてテンソル式を作ってみよう．

$$(1.7) \quad \longrightarrow \quad 0 - c\partial_1 B_x - c\partial_2 B_y - c\partial_3 B_z = 0$$

$$(1.4) \quad \longrightarrow \quad \begin{cases} c\partial_0 B_x + 0 + \partial_2 E_z - \partial_3 E_y = 0 \\ c\partial_0 B_y - \partial_1 E_z + 0 + \partial_3 E_x = 0 \\ c\partial_0 B_z + \partial_1 E_y - \partial_2 E_x + 0 = 0 \end{cases} \tag{2.27}$$

ここで ∂_i は偏微分 $\partial/\partial x^i$ を表わす記号である($\partial_i = \partial/\partial x^i$)．電場ベクトル E_x,
E_y, E_z や磁場ベクトル B_x, B_y, B_z を用いて，**電磁場のテンソル** f_{ij} を次のよ
うに定義しよう．

$$f_{ij} = \begin{pmatrix} 0 & -\dfrac{1}{c}E_x & -\dfrac{1}{c}E_y & -\dfrac{1}{c}E_z \\ \dfrac{1}{c}E_x & 0 & B_z & -B_y \\ \dfrac{1}{c}E_y & -B_z & 0 & B_x \\ \dfrac{1}{c}E_z & B_y & -B_x & 0 \end{pmatrix} \tag{2.28}$$

すると，(2.27)は

$$\partial_i f_{jk} + \partial_j f_{ki} + \partial_k f_{ij} = 0 \qquad (2.29)$$

というきわめて簡単なテンソル式にまとめられる．ここで i, j, k は $0, 1, 2, 3$ の 4 つの数から異なる 3 つの数を取りだしたものである．したがって一見，$4 \times 3 \times 2 = 24$ 個の独立な成分をもつ式のように見えるが，多くは恒等式や独立でない式で，結局独立な式は，(1.7)，(1.4)に対応する 4 つである．

電磁場の基礎方程式の残りの 2 つ，(1.5)，(1.6)も同じようにして，テンソル式にまとめることができる．

$$(1.6) \quad \longrightarrow \quad 0 + c\partial_1 D_x + c\partial_2 D_y + c\partial_3 D_z = c\rho$$

$$(1.5) \quad \longrightarrow \quad \begin{cases} -c\partial_0 D_x + 0 + \partial_2 H_z - \partial_3 H_y = j_x \\ -c\partial_0 D_y - \partial_1 H_z + 0 + \partial_3 H_x = j_y \\ -c\partial_0 D_z + \partial_1 H_y - \partial_2 H_x + 0 = j_z \end{cases} \qquad (2.30)$$

ここで電荷密度 ρ や電流密度ベクトル j_x, j_y, j_z から，4 元電流密度 j^i を次のように定義しよう．

$$j^i = (c\rho, j_x, j_y, j_z) \qquad (2.31)$$

また電磁場のテンソル f_{ij} を反変テンソルとして表現したもの

$$f^{ik} = \eta^{ij}\eta^{kl}f_{jl} = \begin{pmatrix} 0 & \dfrac{1}{c}E_x & \dfrac{1}{c}E_y & \dfrac{1}{c}E_z \\ -\dfrac{1}{c}E_x & 0 & B_z & -B_y \\ -\dfrac{1}{c}E_y & -B_z & 0 & B_x \\ -\dfrac{1}{c}E_z & B_y & -B_x & 0 \end{pmatrix} \qquad (2.32)$$

を用いると，(2.30)は

$$\frac{\partial f^{ik}}{\partial x^k} = \mu_0 j^i \qquad (2.33)$$

と書き換えることができる．ただし，$\boldsymbol{D} = \varepsilon_0 \boldsymbol{E}$，$c^2 = 1/\varepsilon_0\mu_0$ [(1.8)式および(1.11)式]の関係を用いた．

(2.29)は 3 階のテンソル方程式，(2.33)はベクトル方程式である．したがって，ローレンツ変換によって別の座標系に移っても，その座標系でも方程

式の形はまったく同じである．例えば(2.33)の形が保たれることは，次のように簡単に示すことができる．

x 系での電磁場のテンソルを f^{ik}，4 元電流ベクトルを j^i，また x' 系での電磁場のテンソルを f'^{ik}，4 元電流ベクトルを j'^i とすると，これらの量は座標変換

$$f'^{mn}(x') = \frac{\partial x'^m}{\partial x^i} \frac{\partial x'^n}{\partial x^k} f^{ik}(x) \tag{2.34}$$

$$j'^m(x') = \frac{\partial x'^m}{\partial x^i} j^i(x) \tag{2.35}$$

で結ばれている．(2.33), (2.34), (2.35)から，x' 系での式を導いてみよう．(2.34)を x'^n で偏微分し，(2.33), (2.35)を代入すると

$$\begin{aligned}
\frac{\partial}{\partial x'^n} f'^{mn}(x') &= \frac{\partial}{\partial x'^n} \frac{\partial x'^m}{\partial x^i} \frac{\partial x'^n}{\partial x^k} f^{ik}(x) \\
&= \frac{\partial x'^m}{\partial x^i} \frac{\partial}{\partial x^k} f^{ik}(x) = \frac{\partial x'^m}{\partial x^i} (\mu_0 j^i) \\
&= \mu_0 j'^m
\end{aligned} \tag{2.36}$$

が得られる．つまりこれは x' 系での電磁場の式

$$\frac{\partial}{\partial x'^n} f'^{mn}(x') = \mu_0 j'^m \tag{2.37}$$

である．このように，x' 系でも(2.33)式とまったく同じ式が成立しているのである．同様に，(2.29)も x' 系でも同じ式で記述されることが証明できる．

このように，ひとつの慣性座標系でテンソル式で書かれた方程式は，ローレンツ変換に対して不変である．すでに記したように，このようなテンソル形式で書かれた物理学の方程式を共変形式という．このような共変形式で書くと，電場の強さ E や磁束密度 B はローレンツ変換に対してベクトルではなく，一体として電磁場のテンソル f^{ik} として変換されることが一目瞭然となる．

それでは具体的に電場の強さ E や磁束密度 B が，x 軸方向に速度 v で運

動している x' 系ではどのようになるのかを計算してみよう．電磁場のテンソルの変換式(2.34)に電磁場テンソルの定義式(2.32)，およびローレンツ変換式(1.34)を代入し整理すると，

$$
\begin{aligned}
E'_x &= E_x, & H'_x &= H_x \\
E'_y &= \frac{E_y - vB_z}{\sqrt{1-(v/c)^2}}, & H'_y &= \frac{H_y + vD_z}{\sqrt{1-(v/c)^2}} \\
E'_z &= \frac{E_z + vB_y}{\sqrt{1-(v/c)^2}}, & H'_z &= \frac{H_z - vD_y}{\sqrt{1-(v/c)^2}}
\end{aligned}
\tag{2.38}
$$

が得られる．非相対論的極限，$v/c \ll 1$ では，本シリーズ第3巻『電磁気学』で学んだ変換式

$$
\boldsymbol{E}' = \boldsymbol{E} + \boldsymbol{v} \times \boldsymbol{B}, \quad \boldsymbol{H}' = \boldsymbol{H} - \boldsymbol{v} \times \boldsymbol{D}
\tag{2.39}
$$

に一致する．

電磁場の方程式は，$\boldsymbol{E}$ や $\boldsymbol{B}$ のかわりにベクトルポテンシャル $\boldsymbol{A}$ や電場のポテンシャル ϕ を用いると，より単純で美しく書くことができる．電磁気学で学んだように

$$
\boldsymbol{B} = \mathrm{rot}\,\boldsymbol{A}, \quad \boldsymbol{E} = -\frac{\partial \boldsymbol{A}}{\partial t} - \mathrm{grad}\,\phi
\tag{2.40}
$$

と書くことができる．しかし，$\boldsymbol{B}$ と $\boldsymbol{E}$ が $\boldsymbol{A}$ と ϕ の微分として書かれているため，逆に $\boldsymbol{B}$ と $\boldsymbol{E}$ から $\boldsymbol{A}$ や ϕ を求めようとすると，積分定数に対応する不確定性が生じる．実際，任意の場の量 $\chi(t, x)$ の勾配ベクトルを $\boldsymbol{A}$ に加え，かつこの時間微分を ϕ から差し引いたとしても，つまり

$$
\boldsymbol{A}' = \boldsymbol{A} + \mathrm{grad}\,\chi, \quad \phi' = \phi - \frac{\partial \chi}{\partial t}
\tag{2.41}
$$

としても $\boldsymbol{B}$ や $\boldsymbol{E}$ の値には何の変化もない．なぜなら，$\mathrm{rot} \cdot \mathrm{grad}\,\chi = 0$ であり，また $\partial\,\mathrm{grad}\,\chi/\partial t$ の項は互いにキャンセルし消えてしまうからである．この(2.41)の変換は**ゲージ変換**(gauge transformation)とよばれている．

つまりゲージ変換に対して，$\boldsymbol{B}, \boldsymbol{E}$ は不変である．そこでこの任意性をなくするために，$\boldsymbol{A}$ と ϕ は次の関係式を満たすように条件をつける．

$$\operatorname{div} \boldsymbol{A} + \frac{1}{c^2}\frac{\partial \phi}{\partial t} = 0 \tag{2.42}$$

この条件を**ローレンツ条件**(Lorentz condition)という．この条件を課すと，電磁場の基本式(1.6)，(1.5)は

$$\Box \phi = -\frac{\rho}{\varepsilon_0} \tag{2.43}$$

$$\Box \boldsymbol{A} = -\mu_0 \boldsymbol{j} \tag{2.44}$$

というすっきりとした式になる．ここで，$\Box$ はダランベール演算子(ダランベリアン)とよばれる演算子で，$\Box = -\frac{1}{c^2}\frac{\partial^2}{\partial t^2} + \frac{\partial^2}{\partial x^2} + \frac{\partial^2}{\partial y^2} + \frac{\partial^2}{\partial z^2}$ である．さらに，共変形式にするために，4元ベクトルポテンシャルを次のように定義しよう．

$$A^i = \begin{pmatrix} \phi/c \\ A_x \\ A_y \\ A_z \end{pmatrix}, \quad A_i = \eta_{ij}A^j = \begin{pmatrix} -\phi/c \\ A_x \\ A_y \\ A_z \end{pmatrix} \tag{2.45}$$

すると，2つの式は

$$\frac{\partial}{\partial x^j}\eta^{jk}\frac{\partial}{\partial x^k}A^i = -\mu_0 j^i \tag{2.46}$$

という簡単な式にまとめられる．ローレンツ条件も

$$\frac{\partial}{\partial x^i}A^i = 0 \tag{2.47}$$

という共変な形式で書くことができる．電荷の保存則も，(2.46)式を x^i で偏微分することにより導かれる．

$$\frac{\partial}{\partial x^j}\eta^{jk}\frac{\partial}{\partial x^k}\frac{\partial}{\partial x^i}A^i = -\mu_0\frac{\partial}{\partial x^i}j^i \tag{2.48}$$

ここで，ローレンツ条件より左辺はゼロであるので，電荷の保存則

$$\frac{\partial j^i}{\partial x^i} = 0 \tag{2.49}$$

が成立する．(2.40)式を用いると，電磁場のテンソル(2.32)は

$$f_{ij} = \frac{\partial A_j}{\partial x^i} - \frac{\partial A_i}{\partial x^j} \left(= \partial_i A_j - \partial_j A_i\right) \tag{2.50}$$

というまったく簡単な式になってしまう．このテンソルが反対称テンソルであることも一目瞭然である．電磁場の方程式の残りの2つの式(1.4), (1.7)，もしくはそれを共変な形式にまとめた(2.29)は，このベクトルポテンシャルを用いるならどのように書き換えることができるのだろうか？　これを(2.29)の左辺に代入すると

$$\partial_i(\partial_j A_k - \partial_k A_j) + \partial_j(\partial_k A_i - \partial_i A_k) + \partial_k(\partial_i A_j - \partial_j A_i) = 0 \tag{2.51}$$

となり，(2.29)は恒等的に成立する．つまりベクトルポテンシャルで書けば，自動的に(2.29)は満たされているのである．

2-3　物理法則の共変形式 2 ——質点の運動方程式

ニュートンの運動方程式(1.1)はガリレイ変換に対して不変であった．特殊相対性原理を満たすためには，この方程式もローレンツ変換に対して不変な共変形式に書き直さなければならない．ニュートン力学では，通常，質点の運動はその空間座標 x^1, x^2, x^3 をその座標系の時間 x^0 の関数として表わすことで次式のように記述される．

$$x^\mu = f^\mu(x^0) \tag{2.52}$$

ここで $\mu = 1, 2, 3$ である．以後，ギリシャ文字の添字は，特別にことわらない限り，空間成分を表わすために同様に1から3までの数とする．この質点の速度は x^μ を微分して

$$v^\mu(x) = \frac{dx^\mu}{dt} = c\,\frac{dx^\mu}{dx^0} \tag{2.53}$$

である．しかし，これは時間 t もしくは x^0 を特別扱いしており，共変な形式で記述するためには，なんらかの媒介変数 τ を使って

$$x^i = x^i(\tau) \tag{2.54}$$

と記述する必要がある．媒介変数としてもっとも適当なものは固有時間である．1-5節で学んだように，固有時間は質点に固定した座標系での時間であ

り，ローレンツ変換に対して不変なスカラー量である．以後，τ は固有時間とする．

　x 系で微小時間 dx^0 の間に質点が空間座標で dx^1, dx^2, dx^3 変化したとしよう．この前後の世界間隔の 2 乗 ds^2 は

$$ds^2 = -(dx^0)^2 + dx^\mu dx^\mu = -(cdt)^2 + dx^\mu dx^\mu \tag{2.55}$$

である．質点に固定した座標系を x' 系とすると，この世界間隔は

$$ds'^2 = -(dx'^0)^2 = -(cd\tau)^2 \tag{2.56}$$

である．世界間隔不変より両者は等しく，これより固有時間 τ と座標時間 t との関係は (1.53), (1.54) ですでに示したように

$$d\tau = \sqrt{1-(v(x)/c)^2}\,dt, \qquad \tau = \int_0^t \sqrt{1-(v(x)/c)^2}\,dt \tag{2.57}$$

となる．ここで，$v(x)$ は x 系での空間座標が x である場所での速度の値で，

$$v(x) = \sqrt{(dx^\mu/dt)(dx^\mu/dt)} = c\sqrt{(dx^\mu/dx^0)(dx^\mu/dx^0)} \tag{2.58}$$

である．以後，$v(x)$ の引き数 x は必要な場合を除いて省略し，簡単に v と書くことにする．次に **4 元速度** を定義する．世界線の式 $x^i(\tau)$ を固有時間 τ で微分したもの

$$u^i = \frac{dx^i}{d\tau} \tag{2.59}$$

を「4 元速度」とよぶ．dx^i が反変ベクトル，$d\tau$ がスカラーであることから，u^i が反変ベクトルとして変換されることは自明である．4 元速度の 2 乗長さは

$$u^i u_i = \eta_{ij} u^i u^j = \eta_{ij}(dx^i/d\tau)(dx^j/d\tau) = (ds/d\tau)^2 = -c^2 \tag{2.60}$$

のように計算され，その値は常に $-c^2$ である．

　4 元運動量は

$$p^i = mu^i \tag{2.61}$$

と定義される．m は質点の質量である．したがって，4 元運動量の 2 乗長さも (2.60) から

$$p^i p_i = m^2 u^i u_i = -m^2 c^2 \tag{2.62}$$

である．したがって 4 元速度も 4 元運動量もそれぞれ 4 成分からなるが，じ

つはその長さがこのように変化しないという条件のため，独立な成分はそれぞれ3つである．例えば，空間成分 p^1, p^2, p^3 が求められているなら，p^0 は上の式で計算し求めることができる．4元運動量の意味を考えるため，これらの量を x 系での通常の速度 v^μ や速さ v で書き換えてみよう．

$$p^0 = mu^0 = m\frac{dx^0}{d\tau} = mc\frac{dt}{d\tau} = \frac{mc}{\sqrt{1-(v/c)^2}} \tag{2.63}$$

$$p^\mu = mu^\mu = m\frac{dx^\mu}{d\tau} = m\frac{dt}{d\tau}\frac{dx^\mu}{dt} = \frac{mv^\mu}{\sqrt{1-(v/c)^2}} \tag{2.64}$$

したがって p^μ は

$$m' = m\frac{1}{\sqrt{1-(v/c)^2}} \tag{2.65}$$

を定義すると，$p^\mu = m'v^\mu$ と書くことができることから，光速に近づくと見かけ上，慣性質量が m' のように増加すると解釈することもできる．本来の慣性質量 m をこれと区別するために**静止質量**ともよぶ．

　p^0 の意味について考えよう．非相対論的極限，$\beta = v/c \ll 1$ で，p^0 に光の速さ c をかけた量 cp^0 は，式(2.63)において v/c を小さな量とみなして級数展開すると

$$cp^0 = \frac{mc^2}{\sqrt{1-(v/c)^2}} \longrightarrow mc^2 + \frac{1}{2}mv^2 \tag{2.66}$$

となる．つまり，運動エネルギーに定数である mc^2 を加算したものとなる．このことは，cp^0 は相対論的な粒子のエネルギーと解釈できることを示している．ここで $cp^0 = E$ とエネルギー E を定義する．(2.62)式，$p^i p_i = -m^2 c^2$ を E^2 について書き直すと

$$E^2 = (mc^2)^2 + c^2\{(p^1)^2 + (p^2)^2 + (p^3)^2\} \tag{2.67}$$

となる．さらに p^μ の式(2.64)や(2.58)を代入すれば

$$E = mc^2\frac{1}{\sqrt{1-(v/c)^2}} \tag{2.68}$$

と書き換えることができる．(2.68)式は，相対論ではエネルギー E は速度がゼロでも静止質量に光速の2乗をかけたもの，mc^2 であることを示して

いる．これを**静止質量エネルギー**という．静止質量は粒子が孤立して運動している場合は変化しないので定数であるが，粒子が分裂を起こし2個になったり，また他の粒子と反応するとき変化する．分裂あるいは反応する前の質量の合計とその後での質量の合計は一致しない．その差は運動のエネルギーに転化しているのである[(2.66)式]．化学反応では質量の変化は10億分の1の程度できわめて小さいが，原子核反応では質量が1%程度変化する．

さてそれではニュートンの運動方程式は，ローレンツ変換に対して不変になるようにするにはどのように書き換えればよいのだろうか？　まず外力が働かない自由粒子の運動を考える．この場合，時間 t を固有時間に書き換え，運動量を4元運動量に置き換えると

$$\frac{dp^i}{d\tau} = 0 \tag{2.69}$$

が得られる．この式は p^i が反変ベクトル，τ がスカラーであることから共変である．これより得られる p^i＝一定，の式の空間成分 $(\mu=1, 2, 3)$ は

$$p^\mu = \frac{m}{\sqrt{1-(v/c)^2}}\, v^\mu = \text{一定} \tag{2.70}$$

で，運動量保存の式である．非相対論的極限 $(v/c \ll 1)$ では，ニュートン力学での運動量保存式，mv^μ＝一定，に当然一致する．また，時間成分に光の速さをかけたもの

$$cp^0 = E = \text{一定} \tag{2.71}$$

は，すでに示したようにエネルギー保存式を表わしている．非相対論的極限 $(v/c \ll 1)$ ではニュートン力学での運動エネルギーの保存式，$\frac{1}{2}mv^2$＝一定，に当然一致する．

それでは，外力がある場合には，運動方程式はどのようになるのだろうか？　もし外力として，4元ベクトル，f^i があたえられているなら，式は

$$\frac{dp^i}{d\tau} = f^i \tag{2.72}$$

となる．ニュートンの運動方程式(1.1)の，ガリレイ変換に対する不変性を議論したとき，暗黙に力 f はどの慣性系でも同じであると仮定した．しか

し，相対論ではこのことは一般には正しくない．例えば，電場の中で荷電粒子に働く力を考えよう．前の節で示したように，ある座標系では電場しかなくても，相対速度のある別の慣性系に移ると，その座標系では電場の強さが変わってしまうのみならず，磁場も存在するようになり，力は当然変化する．しかし，力を4元ベクトル f^i として書き下すことができれば，(2.72)は共変な形式である．逆にいえば，物理学の法則が特殊相対性原理を満たすためには，あらゆる力は4元ベクトルとして書かれなければならない．実際，重力を除いて現在知られている力は4元ベクトルとして書くことができる．重力をこのような相対性原理に従わせることができないのが特殊相対論の限界で，これを解決する過程で一般相対論が生まれてきたのである．これは次の章で学ぶことになる．

　具体的に電磁気力の4元力はどのように表わすことができるのだろうか？電磁場が存在する場合，電荷 Q をもつ荷電粒子の非相対論的運動方程式は電磁気学で学んだように，$d\boldsymbol{p}/dt = Q(\boldsymbol{E} + \boldsymbol{v} \times \boldsymbol{B})$，これを行列の形式で書くと

$$\frac{d}{dt}\begin{pmatrix} p_x \\ p_y \\ p_z \end{pmatrix} = Q\begin{pmatrix} E_x \\ E_y \\ E_z \end{pmatrix} + Q\begin{pmatrix} 0 & B_z & -B_y \\ -B_z & 0 & B_x \\ B_y & -B_x & 0 \end{pmatrix}\begin{pmatrix} v_x \\ v_y \\ v_z \end{pmatrix} \tag{2.73}$$

である．この式で時間を固有時間に，速度 v^μ を4元速度 u_i と拡張すると

$$\frac{d}{d\tau}\begin{pmatrix} p^0 \\ p^1 \\ p^2 \\ p^3 \end{pmatrix} = Q\begin{pmatrix} 0 & \dfrac{1}{c}E_x & \dfrac{1}{c}E_y & \dfrac{1}{c}E_z \\ -\dfrac{1}{c}E_x & 0 & B_z & -B_y \\ -\dfrac{1}{c}E_y & -B_z & 0 & B_x \\ -\dfrac{1}{c}E_z & B_y & -B_x & 0 \end{pmatrix}\begin{pmatrix} u_0 \\ u_1 \\ u_2 \\ u_3 \end{pmatrix} \tag{2.74}$$

という式が得られる．ここで u_i は4元速度を共変ベクトルとして表現したものである．

$$u_i = \eta_{ij} u^j = \begin{pmatrix} -dx^0/d\tau \\ dx^1/d\tau \\ dx^2/d\tau \\ dx^3/d\tau \end{pmatrix} \tag{2.75}$$

である．つまり (2.74) の右辺の行列は電磁場のテンソル，f^{ij}，そのものであるので，運動方程式は

$$\frac{dp^i}{d\tau} = f^i{}_{\text{EM}} \tag{2.76}$$

ただし $f^i{}_{\text{EM}}$ は電磁気力の 4 元力

$$f^i{}_{\text{EM}} = Q f^{ij} \cdot u_j \tag{2.77}$$

である．相対論化することで新たに加わった第 0 成分がエネルギー保存則を表わしていることは，自由粒子の場合と同じである．第 0 成分に光の速さをかけた式は，粒子のエネルギー（$E = cp^0$）の時間変化の式，

$$\frac{dE}{d\tau} = Q\Big(E_x \frac{dx}{d\tau} + E_y \frac{dy}{d\tau} + E_z \frac{dz}{d\tau}\Big) \tag{2.78}$$

となり，電磁場によってされる仕事によって粒子のエネルギーが増減することを表わしている．

2–4　変分原理

すでに解析力学で学んだように，ニュートン力学は変分原理に基づいて美しく定式化されている．考えている力学系のラグランジアンを L とすると，作用

$$S = \int L dt \tag{2.79}$$

を極小にする条件

$$\delta S = 0 \tag{2.80}$$

より，オイラー方程式

$$\frac{d}{dt}\frac{\partial L}{\partial v^{\mu}} - \frac{\partial L}{\partial x^{\mu}} = 0 \tag{2.81}$$

がえられる．例えば，具体的にポテンシャル $V(x)$ の中での質量 m の質点の運動を考えると，ラグランジアン

$$L = \frac{1}{2}mv^2 - V(x) \tag{2.82}$$

より，ニュートンの運動方程式

$$\frac{dp^{\mu}}{dt} = -\frac{\partial V(x)}{\partial x^{\mu}} \tag{2.83}$$

が得られる．これは相対論的な場合についても拡張することができる．まず最も簡単な，外力を受けない自由粒子についてこれを示そう．

相対論的な場合のラグランジアンをはじめから一意的に決めてしまう原理はない．そこで，(1)非相対論的極限で，ニュートン力学でのラグランジアン $L = mv^2/2$ に一致する，(2)作用最小の原理を共変な形式に拡張することができる，(3)最終的に導かれる運動方程式がすでに求めた(2.69)と一致する，を指針として相対論的ラグランジアンを求めよう．まず非相対論的極限で $mv^2/2$ に帰るもの，もしくは $mv^2/2$ と何かの定数との和になるようなものとして

$$L = -mc^2\sqrt{1-(v(x)/c)^2} \tag{2.84}$$

が候補として考えられる．これは非相対論的極限 $(v/c \ll 1)$ で $-mc^2 + mv^2/2$ となることから，その拡張となっていることがわかる．このように選ぶと，作用積分は

$$S = -\int mc^2\sqrt{1-(v(x)/c)^2}\,dt \tag{2.85}$$

となる．しかし，この作用積分の表示は時間を特別視しており，共変な形式ではない．

次に，このラグランジアンのもとに共変な形式に書き下すことができるかどうかを調べよう．前の節で粒子の運動を議論したときと同様に，固有時間を運動のパラメータとして作用を書き換えよう．まず速度 $v(x)$ の式(2.58)

を代入し，整理すると

$$S = -\int mc\left\{c^2 - \frac{dx^\mu}{dt}\frac{dx^\mu}{dt}\right\}^{1/2}dt$$

$$= -\int mc\left\{\frac{dx^0}{dt}\frac{dx^0}{dt} - \frac{dx^\mu}{dt}\frac{dx^\mu}{dt}\right\}^{1/2}dt \tag{2.86}$$

が得られる．dt での積分を変数変換 $dt=(dt/d\tau)d\tau$ によって $d\tau$ の積分に変え，さらに，$dx^0dx^0 - dx^\mu dx^\mu = -\eta_{ij}dx^idx^j$ の関係を用いると

$$S = -\int mc\left\{-\eta_{ij}\frac{dx^i}{d\tau}\frac{dx^j}{d\tau}\right\}^{1/2}d\tau \tag{2.87}$$

となる．この作用は被積分関数 $\{\cdots\}$ がスカラーであり，また積分変数である固有時間 τ もスカラーであるのでスカラー量である．つまり共変な形式に書くことができた．

　ここで共変形式でのラグランジアン

$$L_m = -mc\left\{-\eta_{ij}\frac{dx^i}{d\tau}\frac{dx^j}{d\tau}\right\}^{1/2} \tag{2.88}$$

を定義しよう．すると作用は

$$S = \int L_m d\tau \tag{2.89}$$

と書くことができる．古典力学と同様に，作用が極小となる条件，

$$\delta S = 0 \tag{2.90}$$

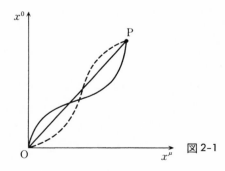

図 2-1

を変分原理によりもとめる．図 2-1 において原点 O から点 P に至る経路としては無限の経路が考えられるが，作用極小の経路が実際の粒子の経路である．変分原理よりオイラー方程式,

$$\frac{d}{d\tau}\frac{\partial L_\mathrm{m}}{\partial u^i}-\frac{\partial L_\mathrm{m}}{\partial x^i}=0 \tag{2.91}$$

が得られる．これに L_m を代入することにより，運動方程式

$$m\frac{du_i}{d\tau}=0 \quad もしくは \quad \frac{dp_i}{d\tau}=0 \tag{2.92}$$

が得られる．したがって，ここで選んだラグランジアンは適当なものであったことがわかる．

　この例からもわかるように，ラグランジアンを導く一般的原理はないが，導かれる物理法則が共変であるためには，作用 S はスカラーでなければならず，そのためにはラグランジアンもまたスカラーでなければならない．実は上記のラグランジアンはもっとも簡単なスカラー量だといえる．L_m は一見複雑に見えるが，$-(cd\tau)^2=\eta_{ij}dx^idx^j$ であるから，実は

$$L_\mathrm{m}=-mc^2 \tag{2.93}$$

という定数なのである．

　ここで作用最小の別の意味を考えてみよう．(2.89), (2.90) に $L_\mathrm{m}=-mc^2$ を代入すると

$$\delta S=-mc^2\delta\int d\tau=0 \tag{2.94}$$

である．つまり，この式から明らかなように，作用最小の条件とは，経路に沿った固有時間が極大になるという意味である．

　双子のパラドックスをもう一度考えてみよう．図 1-6 において地球にとどまった太郎の世界線，経路は OA という直線である．一方，ロケットによって宇宙旅行して帰ってきた次郎の世界線，経路は OPQ である．OA は外力を受けない自由粒子の運動であり，作用極小の経路，つまり固有時間極大の世界線である．一方，経路 OPQ では P で帰還のために方向を逆転するために力を受けるので，自由粒子の運動ではない．出発点と到着点が同じ多

くの経路があったとき，固有時間が最大となるものは加速度運動をしない経路である．このように，特殊相対論では固有時間最大が自由粒子の経路であるというのが運動法則の原理であることを考えると，双子のパラドックスはこの原理から直接解かれる自明の問題で，まったくパラドックスではない．活発に動きまわる人は年をとらずいつまでも若く，じっと静止して何もしない人は年をとり早く老化するというように，この原理を覚えておけばよい．

2-5 電磁場と荷電粒子の運動の方程式と変分原理

電磁場の中での粒子の運動方程式も変分原理から求めることができる．そのためには，外場として与えられた電磁場と荷電粒子の相互作用を記述するラグランジアン L_{int} を自由粒子のラグランジアン L_m に追加して変分をとらなければならない．正しく運動方程式を導く相互作用ラグランジアンは

$$L_{int} = Qu^j A_j \qquad (2.95)$$

である．ラグランジアン

$$L = L_m + L_{int} = -mc\left\{-\eta_{ij}\frac{dx^i}{d\tau}\frac{dx^j}{d\tau}\right\}^{1/2} + Qu^j A_j \qquad (2.96)$$

のもとに作用が極小となる変分

$$\delta S = \delta \int L d\tau = 0 \qquad (2.97)$$

をとる．これよりオイラー方程式

$$\frac{d}{d\tau}\frac{\partial L}{\partial u^i} - \frac{\partial L}{\partial x^i} = \left(\frac{d}{d\tau}\frac{\partial L_m}{\partial u^i} - \frac{\partial L_m}{\partial x^i}\right) + \left(\frac{d}{d\tau}\frac{\partial L_{int}}{\partial u^i} - \frac{\partial L_{int}}{\partial x^i}\right) = 0 \quad (2.98)$$

が得られる．自由粒子部分は同じであるので，2番目の括弧の中の相互作用部分だけ計算すると

$$\frac{d}{d\tau}\frac{\partial L_{int}}{\partial u^i} = Q\frac{d}{d\tau}A_i = Qu^j\frac{\partial A_i}{\partial x^j} \qquad (2.99)$$

$$\frac{\partial L_{int}}{\partial x^i} = Qu^j\frac{\partial A_j}{\partial x^i} \qquad (2.100)$$

であるので，運動方程式として

$$\frac{dp_i}{d\tau} = f_{i,\mathrm{EM}} \tag{2.101}$$

を得る．ただし，$f_{i,\mathrm{EM}}$ は電磁気力の 4 元力

$$f_{i,\mathrm{EM}} = Q\left(\frac{\partial A_j}{\partial x^i} - \frac{\partial A_i}{\partial x^j}\right)u^j = Qf_{ij}\cdot u^j \tag{2.102}$$

である．これはすでに求めた(2.76)と(2.77)式を共変ベクトル式として表現したものである．

　電磁場の基本方程式(2.33)式も，粒子の運動方程式と同様に，変分原理によって求めることができる．ただし，粒子の運動と大きく異なっている点は，粒子の場合，粒子の座標 $x^i(\tau)$ が独立な運動の自由度であったのに対し，電磁場の場合，無限の自由度をもつ場の量，ベクトルポテンシャル $A_i(x)$ が運動の自由度であることである．

　電磁場の作用 S は，やはり場の量であるラグランジアン密度 $L(x)$ を空間座標で積分したものが系のラグランジアンであるので

$$S = \int\left\{\int L(x)dx^1 dx^2 dx^3\right\}dt = \frac{1}{c}\int L(x)dx^0 dx^1 dx^2 dx^3 \tag{2.103}$$

となる．ラグランジアン密度は，真空中の電磁場のラグランジアン密度 $L_{\mathrm{em}}(x)$ と電荷とその運動による電流密度との相互作用ラグランジアン密度 $L_{\mathrm{int}}(x)$ の合計である．

$$L = L_{\mathrm{em}} + L_{\mathrm{int}} \tag{2.104}$$

電磁場のテンソルから作られる最も単純なスカラー量は $f^{ij}\cdot f_{ij}$ である．これを用いてラグランジアン密度を

$$L_{\mathrm{em}} = -\frac{1}{4\mu_0}f^{ij}\cdot f_{ij} \tag{2.105}$$

とする．荷電粒子の運動を調べたときの相互作用ラグランジアン(2.95)は，1 個の荷電粒子と電磁場との相互作用であったが，多量の荷電粒子が空間的に分布しその運動によって電流が生じている場合のラグランジアン密度は，(2.95)の Qu^j を 4 元電流密度 j^j に置き換えたものとなり

$$L_{\mathrm{int}} = A_j j^j \tag{2.106}$$

ラグランジアン密度 L のもとに $A_i(x)$ を力学変数として作用を極小とする変分をとると，オイラー方程式

$$\frac{\partial L(x)}{\partial A_i(x)} - \frac{\partial}{\partial x^j}\left\{\frac{\partial L(x)}{\partial\left(\frac{\partial A_i}{\partial x^j}\right)}\right\} = 0 \tag{2.107}$$

が得られる．この式に具体的に(2.104)式を代入すると

$$\frac{\partial f^{ij}}{\partial x^j} = \mu_0 j^i \tag{2.108}$$

もしくは，同等な

$$\frac{\partial}{\partial x^j}\eta^{jk}\frac{\partial}{\partial x^k}A^i = -\mu_0 j^i \tag{2.109}$$

が得られる．これらは，すでに求めた電磁場の方程式(2.33), (2.46)である．

エネルギー運動量テンソル

電磁気学で学んだように，電磁場のエネルギー密度は

$$\omega = \frac{1}{2}\left(\varepsilon_0 \boldsymbol{E}^2 + \mu_0 \boldsymbol{H}^2\right) \tag{2.110}$$

で，また電磁場のエネルギーの単位面積当たりの流束はポインティングベクトル，

$$\boldsymbol{S} = \boldsymbol{E}\times\boldsymbol{H} \tag{2.111}$$

で表わされる．また電磁場をあたかも流体とみたとき，1つの面から及ぼされる応力を表現するマックスウェルの応力テンソルは

$$\sigma^{\alpha\beta} = (\varepsilon_0 E^\alpha E^\beta + \mu_0 H^\alpha H^\beta) - \omega\delta^{\alpha\beta} \tag{2.112}$$

である．それぞれの量はローレンツ変換に対して不変ではないが，これらをまとめて次のようなテンソルを作ることができる．

$$T^{ij} = \begin{pmatrix} \omega & S^x/c & S^y/c & S^z/c \\ S^x/c & -\sigma^{xx} & -\sigma^{xy} & -\sigma^{xz} \\ S^y/c & -\sigma^{yx} & -\sigma^{yy} & -\sigma^{yz} \\ S^z/c & -\sigma^{zx} & -\sigma^{zy} & -\sigma^{zz} \end{pmatrix} \tag{2.113}$$

これが実際テンソルとして変換することは，これを電磁場のテンソルを用いて書き直すと

$$T^{ij} = \frac{1}{\mu_0}\left(\eta_{kl}f^{ik}f^{jl} - \frac{1}{4}\eta^{ij}f_{kl}f^{kl}\right) \tag{2.114}$$

という共変な形式で書かれることから明らかである．このテンソルを電磁場の**エネルギー運動量テンソル**(energy momentum tensor)という．電荷や電流の存在しない場合 $(j^i(x)=0)$，このテンソルの発散がゼロであることは，マックスウェル方程式(2.29), (2.33)を用いて容易に示すことができる．

$$\frac{\partial}{\partial x^j}T^{ij} = 0 \tag{2.115}$$

この式の0成分を具体的に書くと

$$\frac{\partial}{\partial t}\omega + \text{div }\boldsymbol{S} = 0 \tag{2.116}$$

で，電磁気学で学んだようにエネルギーの保存則である．また1, 2, 3成分は同様に電磁場の運動量保存の式

$$\frac{\partial}{\partial t}\left(S^\alpha/c^2\right) = \sum_{\beta=1}^{3}\frac{\partial}{\partial x^\beta}\sigma^{\alpha\beta} \tag{2.117}$$

である．

電流が流れている場合，当然，電磁場のエネルギー運動量は変化する．この場合，保存則はマックスウェル方程式(2.29), (2.33)を用いて

$$\frac{\partial T^{ij}}{\partial x^j} = -f^i{}_l j^l \tag{2.118}$$

となることを示すことができる．

完全流体のエネルギー運動量テンソル

宇宙の現象を扱うとき，多くの場合，流体の運動を相対論的に調べなければならない．ここでは最も簡単な流体，完全流体のエネルギー運動量テンソルを示しておこう．ここでいう完全流体とは，圧力が等方的で応力のテンソルが対角的であるだけでなく，粘性も熱伝導もないような流体である．エネルギー運動量テンソル T^{ij} は，その発散がゼロになる式，つまり $\partial T^{ij}/\partial x^j = 0$

がエネルギーや運動量の保存式になるようなテンソルである。完全流体が静止している場合，自明のことであるが，

$$\text{エネルギー保存：}\quad \frac{\partial \rho c^2}{\partial t} = 0 \tag{2.119}$$

$$\text{運動量保存：}\quad \frac{\partial p}{\partial x^\mu} = 0 \tag{2.120}$$

である。ここで，ρc^2 は流体が静止している座標系でのエネルギー密度，p は同じくこの座標系での流体の圧力である。エネルギー運動量テンソルとして

$$T^{ij} = \begin{pmatrix} \rho c^2 & 0 & 0 & 0 \\ 0 & p & 0 & 0 \\ 0 & 0 & p & 0 \\ 0 & 0 & 0 & p \end{pmatrix} \tag{2.121}$$

を採用すると，$\partial T^{ij}/\partial x^j = 0$ の式が上のエネルギー保存式，運動量保存式を満たしている。一般に 4 元速度 u^i で運動している流体のエネルギー運動量テンソル T^{ij} は流体と同じ 4 元速度 u^i で運動している座標系にローレンツ変換すればこれに一致するはずである。このようにして，一般に完全流体のエネルギー運動量テンソルは

$$T^{ij} = \left(\rho + \frac{p}{c^2}\right) u^i u^j + p \eta^{ij} \tag{2.122}$$

であることがわかる。

第2章　演習問題

1. 電荷や電流がある場合のエネルギー運動量の保存式(2.118)

$$\frac{\partial}{\partial x^j} T^{ij} = -f^i{}_l j^l$$

を導出せよ。

3 特殊相対論の限界と等価原理

前の章の最後の節では，すべての物理法則はローレンツ変換に対して不変な形式，共変形式で記述されなければならないことを論じた．そしてこれを「特殊相対性原理」とよんだ．実際，電磁場や質点の力学の法則は共変形式で書き下すことができた．特殊相対論成立後，当然多くの理論物理学者は電磁気力での成功を指針として重力の法則を特殊相対性を満たすように定式化しようと試みた．しかし，その試みはうまくいかなかった．

現在，物質世界を支配する基本的な力としては，電磁気力，重力に加えて，色の力，弱い力の4つの力が存在していることが知られているが，重力を除くいずれの力も「チャージ」＝「荷」に力が働くようになっている．電気力が「電荷」(electric charge)に対して働くのと同様に，弱い力は「弱荷」(weak charge)に，また色の力は「色荷」(color charge)に対して働く．したがって，そのような荷をもたない物質には働かない．これらの力についても，やや複雑にはなるが，電磁気力と同じように共変形式で定式化されている．

しかし重力は，「万有引力の法則」と呼ばれるように「質量」をもつあらゆるものに働く．特殊相対論では，質量は前章で述べたようにエネルギーである．したがって，重力はエネルギーに対して働くといってよい．電荷というきちんと保存する量に対して働く電磁気力と，エネルギーに対して働く重力とは本質的な違いがあるのである．単純に電磁気力の共変形式を模倣しても，重力を共変形式に書き下すことはできない．これは全物理法則は共変形

式に書かれなければならないという特殊相対性原理が破綻していることを意味しており，特殊相対論の限界を示している．

アインシュタインはこの限界を克服する過程で，特殊相対論を発展させたより深い真理である一般相対論に至ったのである．重力がエネルギーに対して働くということが，重力を特殊相対性原理を満たすように定式化できなかった原因であるが，逆に言えば，この点にこそ特殊相対論をより発展させ，より深い真理，一般相対論へと深める鍵が隠されているということができる．次の 3-1 節では，この重力の性質を再考することにしよう．

特殊相対論のもう 1 つの限界は，座標変換が慣性系の間の変換であるローレンツ変換に限られていることである．双子のパラドックスを論じた際，両者の時間の進み方を計算するとき，慣性系である地上に残った方の座標では両者の時間の進み方を出発から帰還まで計算することができた．しかし，ロケットに固定した座標系は大局的には加速度系であったため，この座標系内だけで両者の時間の進み方を計算することはできなかった．双子のパラドックスは確かに特殊相対論の中で十分理解できることであるが，座標の相対性という思想を貫くためにはどちらの座標系で計算しても結果は同じであることを示さなければならない．しかし加速度系は，慣性の法則が成立しない系であり，慣性系ではない．特殊相対性原理は，互いに等速運動をしている無限に存在する慣性系が平等，つまり相対的であり，座標系を乗り移る変換がローレンツ変換であるということである．

簡単に「座標の相対性という思想を貫くためには」と述べたが，その場合，座標系はすべて任意の座標系であり，座標変換もそのような勝手な座標系を結ぶものである以上，まったく一般の座標変換となってしまう．このように座標の相対性の概念を一般の座標系まで貫徹することは，きわめて自然なことである．本来，物理学の法則は人間が勝手に便宜上選んだ座標系にはよらない普遍的真理である．したがって，物理法則を個々の座標系に依存しないような，不変的な形式に書き下すことができるならば，当然そのようにすべきである．このようにすることを，「物理法則を一般座標変換に対して共変な形式に書く」という．また物理法則は一般座標変換に対して共変であると

いう原理を**一般相対性原理**(principle of general relativity)という．アインシュタインは，あたかも一般相対論のために準備されたかのように大きく進歩していたリーマン幾何学を用いて，これを成し遂げた．また，上に述べた重力の法則を共変的に書き下せないという困難も，リーマン幾何学によって解決されるのである．これらは次の第4章で論ずる．

3-1 一様な重力場での運動と等価原理

簡単な場合として，z方向に一様な重力場の中での質点の落下運動を考えよう．x-y面が地面，zが地面からの高さとする(図3-1)．地球の半径$R_\oplus$に比べて高さが十分短かければ，重力の場はzによらず一様であるので，重力加速度

$$g = \frac{GM_\oplus}{R_\oplus{}^2} \tag{3.1}$$

は定数である．Gは重力定数，$M_\oplus$は地球の質量である．非相対論的ニュートン力学では，質点の運動方程式は

$$m_\mathrm{I}\frac{d^2z(t)}{dt^2} = F_z \tag{3.2}$$

ここでm_Iはこれまで単純に質点の質量とよばれていたものであるが，ここではその意味をはっきりさせるために，慣性を意味する英語 Inertia の頭文

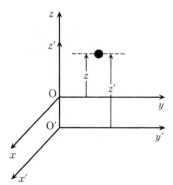

図3-1 一様な重力場の中での質点の落下運動

字 I を添字としてつけ，「慣性質量」とよぶことにする．このニュートンの運動方程式にあらわれる質量は「加速のされにくさ」として定義されたものであった．つまり，同じ強さの力を加えてもなかなか動き出さないものほど大きな質量だとして定めたものである．重力のない宇宙空間で，質量はこの「加速のされにくさ」の度合いから測定できる．

　質点に働く重力の強さは，重力加速度が下向き，つまり $-z$ 方向であるので

$$F_z = -m_G \cdot g \tag{3.3}$$

である．ここで m_G は重力質量で，同じ強さの重力場にあっても強い重力が働くものほど大きい質量であるとして，定義されたものである．この式は，ちょうど一様な電場 E の中に電荷 Z があるとき，それに働く力の式，$F = Z \cdot E$ に対応するもので，電荷 Z が重力質量 m_G に，電場 E が重力場の加速度 g に対応する．したがって，電荷と慣性質量とは何の関係もないのと同様，この重力質量は慣性質量とは無関係に定義された量で，両者は本来なんの関係もないはずである．

　(3.3)を(3.2)に代入することにより

$$\frac{d^2 z(t)}{dt^2} = -\frac{m_G}{m_I} \cdot g \tag{3.4}$$

が得られる．本来の定義から考えるなら，比 m_G/m_I は，ちょうど比電荷 Z/m_I が粒子が異なれば異なるように，物質ごとに異なる量であるはずである．しかしわれわれは，生活体験の中から，重力で強く下に引かれる「重い」ものは，横に押して動かそうとしてもなかなか動かないものだということを知っている．そして実験を通じて，重力質量は慣性質量に正確に比例することを知っている．そこで便宜的にこの比例定数は 1，つまり

$$m_G = m_I \tag{3.5}$$

と重力質量を定義するのである．また，そのように定義することによって，重力加速度 g の数値を定めているのである．これは，(3.1)にさかのぼるならば，重力定数 G を $m_G = m_I$ として定めることである．このようにすると(3.4)はもはや質量とは無関係に

$$\frac{d^2z(t)}{dt^2} = -g \qquad (3.6)$$

となるのである.

次にこの質点の落下を，同じように自由落下している x' 座標系，

$$x' = x$$
$$y' = y \qquad (3.7)$$
$$z' = z + \frac{1}{2}gt^2$$

から観測しよう．具体的にはこの質点をエレベーターの箱の中に入れ，エレベーターの紐を切り自由落下させ，このエレベーターに乗って質点を観測するのである．x 系は地面に固定した座標系，x' 系は自由落下しているエレベーターに固定した座標系である(図3-1).

エレベーターの中での質点の位置座標を z' とすると，加速度は(3.7)を2階微分し，(3.6)を代入することにより，

$$\frac{d^2z'}{dt^2} = \frac{d^2z}{dt^2} + g = 0 \qquad (3.8)$$

と求められる．エレベーターは質点とまったく同じように自由落下しているのであるから，その上に乗って観測すれば加速度がゼロになるという結果は，運動学的にはまったく自明のことである．しかし，これは自由落下しているエレベーターの中では重力が消えてしまうことを意味している．(3.8)より，エレベーターの中では等速運動をしている質点は外力の加わらない限り，いつまでも等速運動を続けるので，x' 系は慣性系である．このように重力が存在する場も座標変換によって(加速度系に乗ることによって)，重力を消し去り慣性系にすることができることを**等価原理**(principle of equivalence)という．

ここでは，一様な重力場という理想化された例を用いて等価原理を説明した．しかし実際的には，そのような一様な重力場は存在せず，時空全体で大局的に同時に重力を消し去って慣性系を作るようなことはできない．地球上でいえば，地球半径に比べてはるかに小さな地表でのみ，一様な重力場の近

似は正しい. 自由落下しているエレベーターの中で, 慣性系になっているが, もしこのエレベーター室が横方向に巨大であれば, その中の粒子はエレベーターの中心に向かう力を受けるはずである. また上下方向に長いエレベーター室なら, 上下で重力加速度が異なる効果が現われてしまう. 実際的には, 1つの座標変換では局所的に, つまり空間的に狭い微小な領域のみで重力場を消し去ることができるだけである. 自由落下しているエレベーター室に固定された座標系のように, 局所的に重力場が消去され慣性の法則が成立している座標系を**局所慣性系**という.

　このように重力場を座標変換によって消し去り慣性系を作ることができたのは, これまでの議論から明らかなように, 重力質量が慣性質量に等しかったからである. 落下するエレベーターの中にたくさんの質点があったとき, もし重力質量と慣性質量の比 m_G/m_I が質点ごとにバラバラであったならば, (3.4)から明らかなように, 1つの質点に対して慣性系になるように座標変換しても他の質点は加速度運動をすることになる. つまり, それは慣性系ではない. あらゆる物質の重力質量と慣性質量が等しい, もしくはその比 m_G/m_I が1に等しいことを等価原理とよぶこともある.

3-2　エトベシュの実験 ——等価原理の実験的検証

等価原理の検証実験としてよく知られているのはハンガリーのエトベシュ (R. von Eötvös)のグループの実験である. 彼らは, 地球が自転しているために, 物質に働く力は地球からの重力だけではなく遠心力も加わることを巧みに利用して実験を行なっている.

　2つの物体AとBの重力質量と慣性質量の比が等しいかどうかを調べることにしよう. Aの重力質量を $m_G{}^A$, 慣性質量を $m_I{}^A$, Bの重力質量を $m_G{}^B$, 慣性質量を $m_I{}^B$ とする. 仮に, A, Bの重力質量はまったく同じだが慣性質量はAよりBが大きい, つまり $m_G{}^A/m_I{}^A > m_G{}^B/m_I{}^B$, として話を進めよう. まず, これらの物体に紐をつけてぶら下げたとしよう. 地球が自転していなければこの鉛直線は地球の重心方向であるが, 自転による遠心力の

ため鉛直線の方向は，北半球では南にずれる．なぜなら，遠心力を地平面と
鉛直方向に分解したとき，地平面での方向は南を向いているからである．遠
心力は慣性によって生じる力であり，その強さは慣性質量に比例する．した
がって相対的に慣性質量の大きい物体Bは遠心力の効果を大きく受けるこ
とになり，物体Bの示す鉛直線は物体Aのものより，南にずれていること
になる(図3-2)．つまり，重力質量と慣性質量の比が異なれば，物質ごとに
鉛直方向は異なることになる．しかし，実験的にこの2つの方向の角度差を
精度良く検出することは困難である．

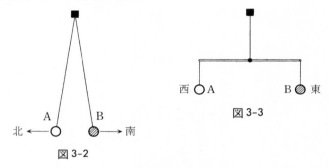

図 3-2

図 3-3

エトベシュらはこの比を検出するため棒の中心あたりを糸で吊るし，この
棒の両端に物質AとBをぶら下げるという簡単な装置(図3-3)を考えた．
棒が水平となるように吊るす位置を調節し，Aが西，Bが東になるように
設置しよう(図3-4(a))．図3-2に示すように相対的に物体Aの鉛直方向は
北にまた物体Bの鉛直方向は南に向かうので，この装置を真上からみたと
き時計回りの回転モーメントが生じる．このモーメントと棒を吊り下げてい
る糸のよじれによって生じる逆向きのモーメントが釣りあったところで装置
は静止することになる．この棒が元の位置から回転して静止した位置までの
角度を θ としよう．さて，ここで糸を吊り下げている支えの部分を含めて
装置全体を180度回転させる(図3-4(b))．すると今度は逆に，物体Aは東
側に，Bは西側に位置することになり，回転モーメントは時計回りとは反対
方向となる．そして，やはり糸のねじれによって生じる逆向きのモーメント
と釣りあって静止する．結局，棒の角度は，最初の静止した状態と回転後の

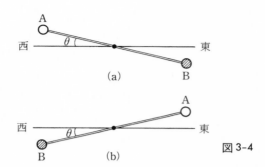

図 3-4

図 3-5　エトベシュの実験装置
（ハンガリー，バラトンのエト
ベシュ博物館所蔵）

静止状態では，$180° - 2\theta$ の角度差が生じることになる．エトベシュらは何種類かの実験装置を作っているが，いずれも装置は持ち運び可能な 1〜2 m のものである（図 3-5）．彼らは山や建物による重力の異方性を避けるために，冬期，凍結したバラトン湖の中心までこの装置を運び実験を行なった．測定に用いた物体は，銅の容器に入れた水，硫酸銅溶液，アスベスト，白金容器に入れたマグネシウム合金，銅などである．彼らは有意な角度のズレを測定できなかったが，θ の上限値から，重力質量と慣性質量の比，$m_\mathrm{G}/m_\mathrm{I}$ が物質によって異なるとしても，そのずれ，

$$\frac{\Delta(m_G/m_I)}{m_G/m_I}$$

は 10^{-8} 以下であると結論している.

4 リーマン幾何学

前の章でも記したように，特殊相対論には，(1)重力を共変な形式に書き下すことができない，(2)加速度系などの一般座標系での議論ができない，という大きな限界があった．アインシュタインは，あたかも一般相対論のために準備されたかのように大きく進歩していたリーマン幾何学を用いてこの限界を克服し，一般相対論を創りあげたのである．したがって一般相対論を学ぶためには，まずリーマン幾何学を学ばなければならない．この章では，一般相対論を学ぶために必要最小限度のリーマン幾何学を学ぶことにする．しかし純粋の数学としてではなく，一般相対論の準備として，物理的概念とあわせて学ぶことにする．リーマン幾何学などというと，ずいぶんむずかしそうに聞こえるかもしれないが，決してむずかしいものではない．

4-1 リーマン空間

リーマン幾何学とは，一言でいえば，曲がった空間の幾何学である．地球の表面で3角形を描いたとき，内角の和は180度より大きい．これは曲がった2次元空間の例である．もちろん曲がっていない平坦な空間の幾何学も，その中の特別な場合として含まれることは言うまでもない．

　リーマン幾何学が対象とする空間を**リーマン空間**というが，一言でいえば，「距離」が定義された空間である．空間の次元は何次元であってもよい．空

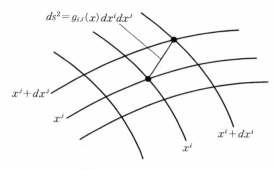

$$ds^2 = g_{ij}(x)dx^i dx^j$$

$x^j + dx^j$

x^j

$x^i + dx^i$

x^i

図4-1 リーマン空間

間を表わすには座標が必要である．これにより空間内のすべての場所は座標値で指定することができる．リーマン空間とは，図4-1に示すように座標値が微小量異なる2点，x^i と $x^i + dx$ の間の距離 ds が

$$ds^2 = g_{ij}(x)dx^i dx^j \tag{4.1}$$

と定義された空間である．$g_{ij}(x)$ を**計量テンソル**(metric tensor)という．したがって「距離」はこの計量テンソルによって定義され，これによってこの空間の性質が特徴づけられるのである．空間として3次元の空間と1次元の時間からなる4次元時空を考えるなら，この「距離」とは世界間隔のことである．計量テンソルは対称とする．なぜならばこの式で $dx^1 dx^2$ の成分は $(g_{12}(x) + g_{21})dx^1 dx^2$ とまとめられ，2つの合計によって距離は決まるのであり，対称な成分は等しくしておくのが簡単であり，計算上も便利である．簡単な例を3つ示しておこう．

例1. 2次元平面

$$ds^2 = dx^2 + dy^2 = g_{ij}(x)dx^i dx^j \tag{4.2}$$

$$g_{ij}(x) = \begin{pmatrix} 1 & 0 \\ 0 & 1 \end{pmatrix} \tag{4.3}$$

ここで $x^1 \equiv x,\ x^2 \equiv y\ (i, j = 1, 2)$ である．

例2. 2次元球面　半径が a である球の表面を座標 θ, ϕ を用いて表わしたとき，微小距離は

$$ds^2 = a^2 d\theta^2 + a^2 \sin^2 \theta d\phi^2 = g_{ij}(x)dx^i dx^j \tag{4.4}$$

$$g_{ij}(x) = \begin{pmatrix} a^2 & 0 \\ 0 & a^2 \sin^2\theta \end{pmatrix} \qquad (4.5)$$

である．ここで $x^1 \equiv \theta$, $x^2 \equiv \phi$ $(i, j = 1, 2)$ である．

例3. ミンコフスキー空間

$$ds^2 = g_{ij}(x)dx^i dx^j \qquad (4.6)$$

$$g_{ij}(x) = \eta_{ij} \qquad (4.7)$$

$$\eta_{ij} \equiv \begin{pmatrix} -1 & 0 & 0 & 0 \\ 0 & 1 & 0 & 0 \\ 0 & 0 & 1 & 0 \\ 0 & 0 & 0 & 1 \end{pmatrix} \qquad (4.8)$$

いうまでもなく ds^2 は世界間隔である．

4-2 座標変換とテンソル

計量の座標変換

1つのリーマン空間の計量が座標系 x 系で $g_{ij}(x)$ で表わされていたとする．

$$ds^2 = g_{ij}(x)dx^i dx^j \qquad (4.9)$$

また同じリーマン空間の計量が別の座標系 x' 系で $g'_{ij}(x')$ で表わされていたとする．

$$ds'^2 = g'_{ij}(x')dx'^i dx'^j \qquad (4.10)$$

この2つの座標系の変換式は，一般座標変換

$$x'^i = f^i(x) \qquad (4.11)$$

とする．後にあらわれる曲率などの幾何学量が表現されるために，この変換は1価連続，2階微分可能でなければならない．

2点間の距離はどのような座標系で表現しようとも同じ値である．したがって，$ds^2 = ds'^2$ より

$$g_{ij}(x)dx^i dx^j = g'_{ij}(x')dx'^i dx'^j \qquad (4.12)$$

でなければならない．この式は，計量テンソルが

$$g'_{kl}(x') = g_{ij}(x) \frac{\partial x^i}{\partial x'^k} \frac{\partial x^j}{\partial x'^l} \tag{4.13}$$

のように変換されることを示している.

スカラー, ベクトル, テンソル

第2章では, 慣性系間の座標変換, すなわちローレンツ変換に対する変換性から, スカラー, ベクトル, テンソルなどの量を定義した. ここでは一般座標変換に対する変換性から, 同様にこれらの量を定義することにする. 座標変換が一般座標変換になっただけで, 形式的にはまったく同様の手続きであるので, 簡単に示すことにする.

スカラー リーマン空間の各点に対して, 座標による表現とは無関係に定義されている場の量である. 点 P は x 系では $P(x^0, x^1, x^2, \cdots)$, x' 系では $P(x'^0, x'^1, \cdots)$ とする. x 系において関数 $\Phi(x)$ が定義されているとき, その座標変換された関数を $\Phi'(x')$ とすると,

$$\Phi'(x') = \Phi(x) \tag{4.14}$$

でなければならない. このように変換される量を**スカラー**という.

反変ベクトル 隣接した2点間の座標値の差, dx^i と同じような変換則にしたがって変換される量を**反変ベクトル**という. 一般座標変換式(4.11)を微分することにより, dx^i は

$$dx'^i = \frac{\partial x'^i}{\partial x^j} dx^j \tag{4.15}$$

と変換されることがわかる. したがって

$$A'^i = \frac{\partial x'^i}{\partial x^j} A^j \tag{4.16}$$

のような変換則にしたがって変換される量が反変ベクトルである.

共変ベクトル スカラー場の勾配ベクトル $\partial\Phi(x)/\partial x^i$ と同様の変換則にしたがって変換される量を**共変ベクトル**という. $\Phi'(x')=\Phi(x)$ を x'^i で微分することにより

$$\frac{\partial\Phi'(x)}{\partial x'^i} = \frac{\partial x^j}{\partial x'^i}\frac{\partial\Phi(x)}{\partial x^j} \tag{4.17}$$

と変換されることがわかる．したがって

$$B'_i = \frac{\partial x^j}{\partial x'^i} B_j \tag{4.18}$$

のような変換則にしたがって変換される量が共変ベクトルである．

テンソル　ローレンツ変換に対するテンソルの場合と同様に，テンソルには共変テンソル，反変テンソル，混合テンソルなどがあるが，まとめて一般に，座標変換に対して次のように変換するテンソルを n 階反変 m 階共変の**混合テンソル**という．

$$T'^{ab\cdots}{}_{pq\cdots} = \frac{\partial x'^a}{\partial x^i} \frac{\partial x'^b}{\partial x^j} \cdots \frac{\partial x^u}{\partial x'^p} \frac{\partial x^v}{\partial x'^q} \cdots T^{ij\cdots}{}_{uv\cdots} \tag{4.19}$$

ただし上添字 $a, b, \cdots$ の数は n 個，下添字 $p, q, \cdots$ の数は m 個である．

時空の計量テンソルとその性質

さてこれまで一般のリーマン空間を扱ってきたが，ここでは 3 次元の空間と 1 次元の時間からなる 4 次元時空について考えよう．第 3 章の等価原理のところで議論したように，重力が存在する空間も局所的には慣性系と等価でなければならない．これは座標変換によって，局所的ではあるがその計量をミンコフスキー空間と同じ計量にすることができるということである．つまり，少なくとも x 座標系によって計量の定義された 4 次元時空上の任意の世界点 A において，一般座標変換で x' 座標系に移ることによって，計量を局所的にミンコフスキー空間的，すなわち

$$g'_{kl}(x'_A) = \eta_{kl} \equiv \begin{pmatrix} -1 & 0 & 0 & 0 \\ 0 & 1 & 0 & 0 \\ 0 & 0 & 1 & 0 \\ 0 & 0 & 0 & 1 \end{pmatrix} \tag{4.20}$$

にすることができなければならない．式 (4.13) より

$$g'_{kl}(x'_A) = g_{ij}(x_A) \frac{\partial x^i}{\partial x'^k} \frac{\partial x^j}{\partial x'^l} \tag{4.21}$$

が成り立つ．この行列式をとることにより

$$|g'_{kl}(x'_\text{A})| = |g_{ij}(x_\text{A})| \left|\frac{\partial x^i}{\partial x'^k}\right| \cdot \left|\frac{\partial x^j}{\partial x'^l}\right| \tag{4.22}$$

でなければならない．これより

$$-1 = g(x) \left|\frac{\partial(x)}{\partial(x')}\right|^2 \tag{4.23}$$

ここで $g(x)$ は計量テンソルの行列式，$|\partial(x)/\partial(x')|$ は座標変換式の関数行列式である．これより

$$g(x) = \frac{-1}{\left|\dfrac{\partial(x)}{\partial(x')}\right|^2} < 0 \tag{4.24}$$

すなわち，4 次元時空を記述する計量テンソルの行列式 g は常に負でなければならない．

　計量テンソルは，式(4.13)からも明らかなように，2 階共変テンソルである．ここで次のように反変テンソル g^{ij} を定義しよう．

$$g^{ik}g_{kj} \equiv \delta^i{}_j \tag{4.25}$$

ここで $\delta^i{}_j$ はクロネッカーのデルタである．

$$\delta^i{}_j \equiv \begin{pmatrix} 1 & 0 & 0 & 0 \\ 0 & 1 & 0 & 0 \\ 0 & 0 & 1 & 0 \\ 0 & 0 & 0 & 1 \end{pmatrix} \tag{4.26}$$

したがって，反変テンソル g^{ij} は共変計量テンソル g_{ij} の逆行列である．

　共変計量テンソル g_{ij} や反変計量テンソル g^{ij} を用いることにより，反変ベクトルからそのベクトルの対応する共変ベクトルを，また逆に共変ベクトルからそのベクトルの反変ベクトルを作ることができる．

$$A_i \equiv g_{ij}A^j, \qquad B^k \equiv g^{ki}B_i \tag{4.27}$$

これらが自己矛盾なく定義されていることは，この変換を繰り返すともとのベクトルに帰ることからもわかる．

$$A^k = g^{ki}A_i = g^{ki}g_{ij}A^j = \delta^k{}_j A^j = A^k \tag{4.28}$$

$$B_k = g_{ki}B^i = g_{ki}g^{ij}B_j = \delta^j{}_k B^j = B_k \tag{4.29}$$

後の計算の便宜のために，計量テンソルの微分量についての関係式を示しておこう．自分で証明してみよ(演習問題1).

$$g_{ij}\frac{\partial g^{ij}}{\partial x^k} = -g^{ij}\frac{\partial g_{ij}}{\partial x^k} \tag{4.30}$$

$$\frac{\partial g^{ij}}{\partial x^k} = -g^{il}g^{jm}\frac{\partial g_{lm}}{\partial x^k} \tag{4.31}$$

$$\frac{\partial g(x)}{\partial x^i} = g(x)g^{jm}\frac{\partial g_{jm}}{\partial x^i} \tag{4.32}$$

4-3 ベクトルの平行移動

特殊相対論でローレンツ変換に対して不変な方程式の形式を「共変形式」とよんだが，同様に一般座標変換に対して不変な形式も**共変形式**とよぶことにする．電磁法則の基本方程式であるマックスウェル方程式もそうであるように，物理学の基本方程式は微分方程式として表現されている．したがって物理法則を共変な形式に書き下そうとしたとき，「微分」を共変な形式に拡張する必要が生じる．というのは，微分される物理量がスカラーやベクトル，テンソルという共変的な量であっても，それらの微分が一般に共変量になる保証はないからである．いくつか例を見てみよう．

まずスカラーの微分

$$\frac{\partial \phi(x)}{\partial x^i} \tag{4.33}$$

を考えてみよう．すでに4-1節で議論したように，これはスカラーの勾配ベクトルであり，その座標変換に対する変換則(4.17)から共変ベクトルである．したがって，スカラーの微分はそのままで共変量になる．それでは共変ベクトル A_i の微分

$$\frac{\partial A_i}{\partial x^j} = \lim_{\Delta x^j \to 0}\frac{A_i(x+\Delta x)-A_i(x)}{\Delta x^j} \tag{4.34}$$

はテンソルになるだろうか？　もしそうでないとすると，どのような変換性を示すであろうか？　x' 系での微分量 $\partial'_j A'_i$ を x 系に変換してみよう．A'_i

の座標変換式(4.18)を代入することにより

$$\frac{\partial A'_i}{\partial x'^j} = \frac{\partial^2 x^k}{\partial x'^j \partial x'^i} A_k + \frac{\partial x^k}{\partial x'^i} \frac{\partial x^l}{\partial x'^j} \frac{\partial A_k}{\partial x^l} \tag{4.35}$$

と変換されることがわかる．もし右辺が第2項のみであるならば，微分 $\partial'_j A'_i$ は2階の共変テンソルとして変換されることになるが，第1項の2階微分の項が存在するため，共変量とはならない．座標変換が線形であるときのみ2階微分項はゼロとなり共変テンソルとなるが，一般の非線形変換ではテンソルとはならない．同様に反変ベクトル，そして一般のテンソルの微分はこのような2階微分項が余分に付け加わるためテンソルとはならず，共変量にはならない．

　それでは一般座標系でのテンソルの微分量が共変量，つまりテンソル量になるには，微分をどのように拡張定義すればよいのであろうか？

　ベクトルの微分は，近接した2点でのベクトルの差である．ベクトルの差は，一方のベクトルをもう一方に平行移動して，そこで比較することによって求められる．この空間上で共変ベクトル $V_i(x)$ が定義されており，図4-2 に示すように，A点でのベクトルを $V_i(x)$，B点でのベクトルを $V_i(x+\Delta x)$ とする．A点でのベクトル $V_i(x)$ をB点まで平行移動したベクトルを $\tilde{V}_i(x+\Delta x)$ としよう．すると，このベクトルの微分は

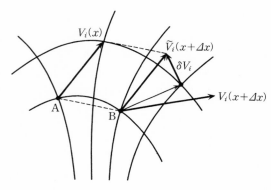

図 4-2　ベクトルの平行移動

$$\lim_{\Delta x^j \to 0} \frac{V_i(x+\Delta x) - \tilde{V}_i(x+\Delta x)}{\Delta x^j} \tag{4.36}$$

と定義される．もしここで考えている空間が通常のユークリッド空間やミンコフスキー空間で，座標系も直交座標系や斜交座標系のような直線座標系である場合，平行移動されたベクトルの各成分は平行移動される前のベクトルの対応する成分と同じ値，$\tilde{V}_i(x+\Delta x) = V_i(x_A)$ である．したがってこの場合については，単純に各成分ごとに微分したもの，(4.34)と一致する．

しかし一般の曲線座標系の場合 $\tilde{V}_i(x+\Delta x)$ は $V_i(x)$ そのものではない．かならず $\tilde{V}_i(x+\Delta x)$ は $V_i(x)$ より微小量 δV_i だけずれるはずである．その微小量は移動量 Δx^j が増加すれば比例して増大するし，また，もともとのベクトルの成分の大きさ V_k が大きければそれに比例して大きくなるはずである．この比例係数を $\Gamma^k{}_{ij}(x)$ とすると，ずれは

$$\delta V_i = \Gamma^k{}_{ij}(x) V_k(x) \Delta x^j \tag{4.37}$$

と書かれるので，$\tilde{V}_i(x+\Delta x)$ は

$$\tilde{V}_i(x+\Delta x) = V_i(x) + \Gamma^k{}_{ij}(x) V_k(x) \Delta x^j \tag{4.38}$$

と書き表わされるはずである．空間がユークリッド空間であるときには平行移動は厳密に定義されており，比例係数 $\Gamma^k{}_{ij}(x)$ は用いた曲線座標系から決まる量である．そしてその曲線座標系から直線座標系である x' 系に座標変換すれば，その座標系では当然この比例係数はゼロのはずである．

$$\Gamma'^k{}_{ij}(x') = 0 \tag{4.39}$$

しかし，この平行移動の概念を一般の曲がった空間上に拡張し定義する場合には，拡張の仕方による任意性が残る．これは比例係数 $\Gamma^k{}_{ij}(x)$ をどのように決めるかという問題である．比例係数 $\Gamma^k{}_{ij}(x)$ は**アフィン接続係数**，もしくは省略して**アフィン係数**とよばれる．

一般の空間上での平行移動の概念を拡張する場合，満たされるべきもっとも素直な条件は，(1)平行移動によってベクトル長さは変化しない，であろう．これに加えて，(2)アフィン係数 $\Gamma^k{}_{ij}(x)$ は下添字 i, j の入れ替えに対して対称である，つまり $\Gamma^k{}_{ij}(x) = \Gamma^k{}_{ji}(x)$，である，という条件をつけよう．この(2)の条件の意味については後で考える．

ベクトルの長さが平行移動によって変化しないという条件(1)を式で書けば

$$g^{ij}(x+\Delta x)\,\widetilde{V}_i(x+\Delta x)\,\widetilde{V}_j(x+\Delta x) = g^{ij}(x)\,V_i(x)\,V_j(x) \qquad (4.40)$$

となる．$g^{ij}(x+\Delta x)$ の展開式

$$g^{ij}(x+\Delta x) = g^{ij}(x)+\frac{\partial g^{ij}(x)}{\partial x^k}\Delta x^k \qquad (4.41)$$

および，$\widetilde{V}_i(x+\Delta x)$, $\widetilde{V}_j(x+\Delta x)$ として平行移動の定義式(4.38)を代入することにより，

$$\left(\frac{\partial g^{ij}(x)}{\partial x^k}+g^{ij}(x)\Gamma^i{}_{lk}(x)+g^{il}(x)\Gamma^j{}_{lk}(x)\right)\Delta x^k V_i(x)\,V_j(x) = 0 \qquad (4.42)$$

が得られる．ここで Δx の2次の項は無視した．

この関係式は任意の Δx^k, V_i に対して成立しなければならないことから，アフィン係数と計量テンソルの間には

$$\frac{\partial g^{ij}}{\partial x^k}+g^{ij}\Gamma^i{}_{lk}+g^{il}\Gamma^j{}_{lk} = 0 \qquad (4.43)$$

の関係があることがわかる．後の計算の便宜のために，第1項の反変計量テンソルの微分を，すでに示した関係式(4.31)，$\partial g^{ij}/\partial x^k = -g^{im}g^{jn}\partial g_{mn}/\partial x^k$ を用いて，共変計量テンソルの微分に書き換えよう．さらに第2項，第3項についても，次のような変形，

$$g^{ij}\Gamma^i{}_{lk} = g^{jn}g^{im}g_{ms}\Gamma^s{}_{nk}, \qquad g^{il}\Gamma^j{}_{lk} = g^{im}g^{jn}g_{ns}\Gamma^s{}_{mk} \qquad (4.44)$$

を行なうと，$g^{im}g^{jn}$ を式全体からくくり出すことができ，その結果

$$\frac{\partial g_{mn}}{\partial x^k} = g_{ms}\Gamma^s{}_{nk}+g_{ns}\Gamma^s{}_{mk} \qquad (4.45)$$

が得られる．さてここで

$$\Gamma_{m,nk} \equiv g_{ms}\Gamma^s{}_{nk} \qquad (4.46)$$

を定義すると，(4.45)式は

$$\frac{\partial g_{mn}}{\partial x^k} = \Gamma_{m,nk}+\Gamma_{n,mk} \qquad (4.47)$$

と書き直すことができる．つぎに，添字 k を m に，m を n に，n を k に

置き換えるという操作を行なうと

$$\frac{\partial g_{nk}}{\partial x^m} = \Gamma_{n,km} + \Gamma_{k,nm} \tag{4.48}$$

が，またさらにこの操作を繰り返すことによって

$$\frac{\partial g_{km}}{\partial x^n} = \Gamma_{k,mn} + \Gamma_{m,kn} \tag{4.49}$$

が得られる．(4.47)と(4.48)を加えたものから(4.49)を引き，それを2で割ると

$$\Gamma_{n,km} = \frac{1}{2}\left(\frac{\partial g_{mn}}{\partial x^k} + \frac{\partial g_{nk}}{\partial x^m} - \frac{\partial g_{km}}{\partial x^n}\right) \tag{4.50}$$

が得られる．この演算を行なうとき，アフィン係数が下添字に対して対称であるという条件，$\Gamma_{k,ij}(x) = \Gamma_{k,ji}(x)$ を用いた．最初の添字が上添字であるもとのアフィン係数に直し，添字を見やすいように変更すると

$$\Gamma^k_{ij} = \frac{1}{2}g^{kl}\left(\frac{\partial g_{jl}}{\partial x^i} + \frac{\partial g_{li}}{\partial x^j} - \frac{\partial g_{ij}}{\partial x^l}\right) \tag{4.51}$$

となる．このように2つの条件を満たすように平行移動を定義すると，アフィン係数は計量テンソルでこのように書き下すことができる．このようなアフィン係数のことを**クリストッフェルの三指記号**もしくは単に**クリストッフェル記号**とよぶ．クリストッフェルの三指記号は

$$\left\{ \begin{matrix} k \\ i \quad j \end{matrix} \right\} \equiv \Gamma^k_{ij}$$

のように表わされることもある．

　このように定義された平行移動では，ベクトルの長さが不変であるだけでなく，2つのベクトルの内積も不変である．1つのベクトルが2つのベクトルの和であったとしよう．

$$V_i(x) = A_i(x) + B_i(x) \tag{4.52}$$

このベクトルの長さが不変であることから

$$g^{ij}(x+\varDelta x)\{\tilde{A}_i(x+\varDelta x) + \tilde{B}_i(x+\varDelta x)\}\{\tilde{A}_j(x+\varDelta x) + \tilde{B}_j(x+\varDelta x)\}$$
$$= g^{ij}(x)V_i(x)V_j(x) \tag{4.53}$$

である．また A, B ベクトルそれぞれの長さも不変であることから

$$g^{ij}(x+\varDelta x)\widetilde{A}_i(x+\varDelta x)\widetilde{A}_j(x+\varDelta x) = g^{ij}(x)A_i(x)A_j(x) \quad (4.54)$$

$$g^{ij}(x+\varDelta x)\widetilde{B}_i(x+\varDelta x)\widetilde{B}_j(x+\varDelta x) = g^{ij}(x)B_i(x)B_j(x) \quad (4.55)$$

である．(4.53)式から(4.54)式と(4.55)式を差し引くことにより，内積不変の式

$$g^{ij}(x+\varDelta x)\widetilde{A}_i(x+\varDelta x)\widetilde{B}_j(x+\varDelta x) = g^{ij}(x)A_i(x)B_j(x) \quad (4.56)$$

が得られる．

さて，ここで条件(2) $\varGamma^k{}_{ij}(x)=\varGamma^k{}_{ji}(x)$ の意味について考えよう．以下に示すように，<u>局所的にアフィン係数 $\varGamma^k{}_{ij}(x)$ のすべての成分を座標変換によってゼロにすることができる必要十分条件は，$\varGamma^k{}_{ij}(x)=\varGamma^k{}_{ji}(x)$ である</u>，ということが証明できるのである．これは，もしいま考えている空間が4次元時空なら，局所的に平坦なミンコフスキー時空を作ることができるという意味である．

まず，これを示す準備として，アフィン係数の座標変換に対する変換性を調べよう．アフィン係数がテンソルでないことは自明である．もしテンソルであれば，ある座標系でゼロなら，他の座標系に移ってもゼロでなければならない．しかし，直交座標系で表現したミンコフスキー空間ではゼロであるのに，単に曲線座標系に移るとゼロでなくなるのだから，明らかにテンソルではない．

(4.36)式で定義された微分がテンソルとなるためには，平行移動されたベクトル，$\widetilde{V}_i(x+\varDelta x)$ は共変ベクトルでなければならない．もしそうでなければ，差 $V_i(x+\varDelta x)-\widetilde{V}_i(x+\varDelta x)$ は共変ベクトルではなく，その微小極限として定義される微分も座標変換にたいして共変にはなり得ないからである．さて，$\widetilde{V}_i(x+\varDelta x)$ が共変ベクトルであるとすると

$$\widetilde{V}_i{}'(x'+\varDelta x') = \left(\frac{\partial x^j}{\partial x'^i}\right)_{x'+\varDelta x'} \widetilde{V}_j(x+\varDelta x) \quad (4.57)$$

が成り立たねばならない [(4.18)式]．$\widetilde{V}_i(x+\varDelta x)$ の定義式(4.38)と座標 $x+\varDelta x$ での座標変換の微分の1次展開式

$$\left(\frac{\partial x^j}{\partial x'^i}\right)_{x'+\Delta x'} = \left(\frac{\partial x^j}{\partial x'^i}\right) + \frac{\partial^2 x^j}{\partial x'^k \partial x'^i}\Delta x'^k \tag{4.58}$$

を代入することにより，2次の項は無視すれば

$$\tilde{V}_i'(x'+\Delta x')$$
$$= V_i'(x') + \left\{\frac{\partial^2 x^j}{\partial x'^k \partial x'^i}\frac{\partial x'^l}{\partial x^j} + \frac{\partial x^j}{\partial x'^i}\Gamma^m{}_{jn}\frac{\partial x'^l}{\partial x^m}\frac{\partial x^n}{\partial x'^k}\right\} V_l'(x')\Delta x'^k \tag{4.59}$$

が得られる．また一方，(4.38)式より $\tilde{V}_i'(x'+\Delta x')$ は

$$\tilde{V}_i'(x'+\Delta x') = V_i'(x') + \Gamma'^k{}_{ij}(x')V_k'(x')\Delta x'^j \tag{4.60}$$

でなければならない．この2式が任意の $V_l\Delta x'^k$ に対して等しくなければならない．(4.60)で $k \to l$，$j \to k$ とおきかえて，2式が等しいとすると

$$\Gamma'^l{}_{ik}(x') = \frac{\partial^2 x^j}{\partial x'^k \partial x'^i}\frac{\partial x'^l}{\partial x^j} + \frac{\partial x^j}{\partial x'^i}\frac{\partial x'^l}{\partial x^m}\frac{\partial x^n}{\partial x'^k}\Gamma^m{}_{jn}(x) \tag{4.61}$$

が得られる．これはアフィン係数 $\Gamma^m{}_{jn}$ の座標変換に対する変換式である．右辺第1項が存在しなければ，$\Gamma^m{}_{jn}$ は1階反変2階共変テンソルとして変換されることがわかる．座標変換が線形変換であるときは第1項の2階微分項がゼロとなり，$\Gamma^m{}_{jn}$ は1階反変2階共変テンソルとなるが，一般座標変換にたいして $\Gamma^m{}_{jn}$ はテンソルではない．

さてそれでは，この変換式を用いて，任意の点で $\Gamma^k{}_{ij}$ のすべての成分をゼロとすることができるならば $\Gamma^k{}_{ij}(x) = \Gamma^k{}_{ji}(x)$ であることを示そう．x 座標系のある任意の点で

$$\Gamma^m{}_{jn}(x) = 0 \tag{4.62}$$

とできたとしよう．すると，いま導出したアフィン係数の座標変換式(4.61)より，x' 系でのアフィン係数は

$$\Gamma'^l{}_{ik}(x') = \frac{\partial^2 x^j}{\partial x'^k \partial x'^i}\frac{\partial x'^l}{\partial x^j} \tag{4.63}$$

となる．この式は x'^k での微分と x'^i での微分の順序を入れ換えても同じであるので，$\Gamma'^l{}_{ik}(x')$ は共変部分の下添字の i, k の入れ替えに対して対称，

$$\Gamma'^l{}_{ik}(x') = \Gamma'^l{}_{ki}(x') \tag{4.64}$$

となることがわかる．

逆に $\Gamma^l{}_{ik}(x)$ が，i, k の入れ替えに対して対称であるならば，任意の点ですべての成分を座標変換によりゼロとすることができることを証明しよう．まず計算の便宜のために，ゼロとしたい点を座標の原点とするような座標系にまず変換する．この座標系で

$$\Gamma^l{}_{ik}(0) = \Gamma^l{}_{ki}(0) \tag{4.65}$$

である．さてここで，さらに次のような座標変換を行なう．

$$x'^j = x^j + \frac{1}{2}\Gamma^j{}_{ik}(0)x^i x^k \tag{4.66}$$

座標変換の微分は以下のようになる．

$$\frac{\partial x'^j}{\partial x^p} = \delta^j{}_p + \frac{1}{2}\Gamma^j{}_{ik}(0)\delta^i{}_p x^k + \frac{1}{2}\Gamma^j{}_{ik}(0)\delta^k{}_p x^i \tag{4.67}$$

したがって原点では

$$\left.\frac{\partial x'^j}{\partial x^p}\right|_0 = \delta^j{}_p \quad \text{また，この逆変換は} \quad \left.\frac{\partial x^p}{\partial x'^j}\right|_0 = \delta^p{}_j \tag{4.68}$$

となる．座標変換の 2 階微分の原点での値は，(4.67)式を微分することにより

$$\left.\frac{\partial^2 x'^j}{\partial x^p \partial x^q}\right|_0 = \frac{1}{2}\Gamma^j{}_{pq}(0) + \frac{1}{2}\Gamma^j{}_{qp}(0) \tag{4.69}$$

となる．

x 系と x' 系でのアフィン係数の関係としてすでに求めた変換式(4.61)を $'$ が付いたものを付いていないものに，また逆に付いていなかったものに $'$ を付け変え，逆の変換式を作ろう．

$$\Gamma^l{}_{ik}(x) = \frac{\partial^2 x'^j}{\partial x^k \partial x^i}\frac{\partial x^l}{\partial x'^j} + \frac{\partial x'^j}{\partial x^i}\frac{\partial x^l}{\partial x'^m}\frac{\partial x'^n}{\partial x^k}\Gamma'^m{}_{jn}(x') \tag{4.70}$$

この式に座標変換の微分式(4.68), (4.69)を代入することにより

$$\Gamma'^l{}_{ik}(0) = \frac{1}{2}\left\{\Gamma^l{}_{ik}(0) - \Gamma^l{}_{ki}(0)\right\} \tag{4.71}$$

が得られる．(4.65)より

$$\Gamma'^l{}_{ik}(0) = 0 \tag{4.72}$$

である．さらに，この点での計量テンソルをミンコフスキー的にすることは
簡単である．この原点で線形な座標変換を行なって，$g_{ij}(0)=\eta_{ij}$ としてやれ
ばよい．線形な座標変換では，(4.61)からも明らかなように，$\Gamma^l{}_{ik}(0)=0$ な
ら変換後も $\Gamma'^l{}_{ik}(0)=0$ である．

このように(2)の条件は数学的には単に下添字の入れ替えに対して対称に
するという条件であるが，空間として4次元時空を考えるとき，これは座標
変換によって局所的にミンコフスキー空間が実現するという意味であった．
第5章で示すように，重力はアフィン係数そのものである．このアフィン係
数のすべての成分がゼロである局所的なミンコフスキー空間では当然慣性の
法則が成立しているので，この座標系は**局所慣性系**とよばれる．つまり，一
般の曲がったどんな時空でも局所的には慣性系が実現できるという意味で，
等価原理の数学的表現になっていることがわかる．いうまでもないことであ
るが，時空の任意の点で線形の座標変換によってその点のみの計量をミンコ
フスキー的にすることはできる．しかしそれだけでは $\Gamma^l{}_{ik}=0$ ではないので，
それは局所慣性系ではない．局所慣性系とするためには，さらに上に示した
ような非線形の変換によって $\Gamma^l{}_{ik}=0$ としてやらなければならない．

4-4 共変微分

さて，このようにベクトルの平行移動が決まったので，共変となる微分も次
のように定義できる．

$$V_{i;j}(x) \equiv \lim_{\Delta x^j \to 0} \frac{V_i(x+\Delta x) - \tilde{V}_i(x+\Delta x)}{\Delta x^j} \tag{4.73}$$

この微分を**共変微分**(covariant derivative)とよび，x^j に関する共変微分は
上の式のように下添字 ";j" で表わすことにする．平行移動の定義式を代入
することにより，共変微分は普通の偏微分とクリストッフェル記号によって

$$V_{i;j}(x) = \lim_{\Delta x^j \to 0} \frac{V_i(x+\Delta x) - V_i(x)}{\Delta x^j} - \Gamma^k{}_{ij}(x) V_k(x)$$

$$= \frac{\partial V_i(x)}{\partial x^j} - \Gamma^k{}_{ij}(x) V_k(x) \tag{4.74}$$

と書かれる．これが2階の共変テンソルとして座標変換されることは，クリストッフェル記号，$\Gamma^k{}_{ij}$ の定義式(4.51)や変換式(4.61)を用いれば証明することができる．

反変ベクトルの共変微分

反変ベクトルの共変微分は，共変ベクトルの共変微分と同じ手順を踏めば同様に導くことができる．しかし，もっと簡単に導くこともできる．

すでに示した平行移動による内積不変の式(4.56)は

$$\tilde{A}^i(x+\varDelta x)\tilde{B}_i(x+\varDelta x) = A^i(x)B_i(x) \tag{4.75}$$

と書くことができる．ここで反変ベクトル $A^i(x)$ は平行移動によって

$$\tilde{A}^i(x+\varDelta x) = A^i(x)+\delta A^i \tag{4.76}$$

となるとしよう．(4.75)式に共変ベクトルの平行移動の式 $\tilde{B}_i(x+\varDelta x)=B_i(x)+\Gamma^k{}_{ij}(x)B_k(x)\varDelta x^j$ を代入することにより

$$B_i\delta A^i = -A^i\Gamma^k{}_{ij}(x)B_k(x)\varDelta x^j = B_i(-\Gamma^i{}_{kj}(x)A^k(x)\varDelta x^j) \tag{4.77}$$

が得られる．2番目の等式では，添字 i と k を相互に入れ換えた．

この等式は任意の B_i に対して成立しなければならないので，δA^i は

$$\delta A^i = -\Gamma^i{}_{kj}(x)A^k(x)\varDelta x^j \tag{4.78}$$

でなければならない．このようにして，反変ベクトルは平行移動によって

$$\tilde{A}^i(x+\varDelta x) = A^i(x)-\Gamma^i{}_{jk}(x)A^j(x)\varDelta x^k \tag{4.79}$$

に移ることになる．したがって，反変ベクトルの共変微分は

$$A^i{}_{;k}(x) \equiv \lim_{\varDelta x^k \to 0} \frac{A^i(x+\varDelta x)-\tilde{A}^i(x+\varDelta x)}{\varDelta x^k}$$

$$= \frac{\partial A^i(x)}{\partial x^k}+\Gamma^i{}_{jk}(x)A^j(x) \tag{4.80}$$

となる．

テンソルの共変微分

それではテンソルの共変微分はどのようになるのだろうか？ 反変ベクトル A^i と共変ベクトル B_j の積として作られる混合テンソル，

$$T^i_j = A^i B_j \tag{4.81}$$

の共変微分を考えてみよう. A^i, B_j の平行移動はすでに求められているのでそれを代入することにより,この混合テンソルは平行移動により

$$\tilde{T}^i_j(x+\Delta x) = A^i(x)B_j(x) - \Gamma^i_{kl}(x)A^k(x)B_j(x)\Delta x^l$$
$$+ \Gamma^k_{jl}(x)A^i(x)B_k(x)\Delta x^l \tag{4.82}$$

と平行移動することになる.ただし,Δx^l の2次の項は無視した. $A^k(x)B_j(x) = T^k_j(x)$, $A^i(x)B_k(x) = T^i_k(x)$ とおくと

$$\tilde{T}^i_j(x+\Delta x) = T^i_j(x) - \Gamma^i_{kl}(x)T^k_j(x)\Delta x^l + \Gamma^k_{jl}(x)T^i_k(x)\Delta x^l \tag{4.83}$$

となる.この式は線形な関係であり,2つのベクトルの積として書かれていない一般の混合テンソルについても成立するはずである.ベクトルの共変微分の場合と同様に,$\Delta x^l \to 0$ の極限をとって微分を行なうと

$$T^i_{j;l} = \frac{\partial T^i_j}{\partial x^l} + \Gamma^i_{kl}(x)T^k_j(x) - \Gamma^k_{jl}(x)T^i_k(x) \tag{4.84}$$

となる.

同様にして,一般のテンソルの共変微分は次のようになる.

$$T^{abcd\cdots}{}_{ijkl\cdots;s} = \frac{\partial T^{abcd\cdots}{}_{ijkl\cdots}}{\partial x^s}$$
$$+ \Gamma^a_{rs}T^{rbcd\cdots}{}_{ijkl\cdots} + \Gamma^b_{rs}T^{arcd\cdots}{}_{ijkl\cdots} + \Gamma^c_{rs}T^{abrd\cdots}{}_{ijkl\cdots} + \cdots$$
$$- \Gamma^r_{is}T^{abc\cdots}{}_{rjkl\cdots} - \Gamma^r_{js}T^{abc\cdots}{}_{irkl\cdots} - \Gamma^r_{ks}T^{abc\cdots}{}_{ijrl\cdots} - \cdots \tag{4.85}$$

このように,テンソルの共変成分についてはそれぞれ共変ベクトルの場合と同様に,また反変成分についてもそれぞれ反変ベクトルと同様に,ひとつずつクリストッフェル記号の項を加えていけばよいのである.

共変微分の大事な性質に計量テンソルの微分がある.

$$g_{ij;k} = \frac{\partial g_{ij}}{\partial x^k} - \Gamma^l_{ik}g_{lj} - \Gamma^l_{jk}g_{il} \tag{4.86}$$

これは次のように変形することができ,式(4.47)よりゼロである.

$$g_{ij;k} = \frac{\partial g_{ij}}{\partial x^k} - \Gamma_{j,ik} - \Gamma_{i,jk} = 0 \tag{4.87}$$

同様に，反変計量テンソルの共変微分もゼロである．

$$g^{ij}{}_{;k} = 0 \tag{4.88}$$

　つまり，計量テンソルは共変微分に対してあたかも定数のようにふるまうのである．これは共変微分の幾何学的意味をも表わしている．前節で定義した平行移動は，実は移動した計量テンソルが移動先の場所での計量テンソルとちょうどぴったりと重なるようになっているのである．計量テンソルの共変微分がゼロであることによって，以後，計量テンソルを含む複雑な共変微分があらわれたとき計量テンソルをあたかも定数のように微分の外に出すことができるので，計算がきわめて楽になる．

4-5 曲　率

2階の共変微分を考えよう．通常の2階微分では，x^i で微分したものを x^j で微分しても，微分の順序を入れ換え，x^j で微分したものを x^i で微分しても値は同じである．つまり，通常の2階微分は，微分の順序の入れ替えに対して交換可能である．それでは2階共変微分の場合はどうだろうか？

　共変ベクトル A_m の2階共変微分を考えよう．1階微分 $A_{m;i}$ は2階の共変テンソルであるので，式(4.85)にしたがってこれに x^j で共変微分を行なうと

$$
\begin{aligned}
A_{m;i;j} &= \frac{\partial A_{m;i}}{\partial x^j} - \Gamma^a{}_{mj} A_{a;i} - \Gamma^a{}_{ij} A_{m;a} \\
&= \frac{\partial^2 A_m}{\partial x^i \partial x^j} - \Gamma^a{}_{mi} \frac{\partial A_a}{\partial x^j} - \Gamma^a{}_{mj} \frac{\partial A_a}{\partial x^i} - \Gamma^a{}_{ij} \frac{\partial A_m}{\partial x^a} \\
&\quad - A_b \left(\frac{\partial \Gamma^b{}_{mi}}{\partial x^j} - \Gamma^a{}_{mj} \Gamma^b{}_{ai} - \Gamma^a{}_{ij} \Gamma^b{}_{ma} \right)
\end{aligned}
\tag{4.89}
$$

である．共変微分の順序を入れ換えたもの，$A_{m;j;i}$ との差を

$$A_{m[;i;j]} \equiv A_{m;i;j} - A_{m;j;i} \tag{4.90}$$

と定義すると

$$A_{m[;i;j]} = R^b{}_{mij}A_b \tag{4.91}$$

となる．ただしここで

$$R^b{}_{mij} = \frac{\partial \Gamma^b{}_{mj}}{\partial x^i} - \frac{\partial \Gamma^b{}_{mi}}{\partial x^j} + \Gamma^a{}_{mj}\Gamma^b{}_{ai} - \Gamma^a{}_{mi}\Gamma^b{}_{aj} \tag{4.92}$$

である．このように 1 階反変 3 階共変のテンソル $R^b{}_{mij}$ のすべての成分がゼロでない限り，共変微分は交換可能ではない．この 4 階のテンソルを**リーマンの曲率テンソル**(Riemann's curvature tensor) という．

また，反変ベクトルの 2 階微分の微分の順序を入れ換えたものの差とリーマンの曲率テンソルとの関係は

$$V^m{}_{[;i;j]} = -R^m{}_{bij}V^b \tag{4.93}$$

となる．

リーマンの曲率テンソルの幾何学的意味を考えよう．地球の表面は 2 次元の曲がった空間の例である．図 4-3 のように，ガーナ沖の東経 0 度，北緯 0 度の赤道上で北を向いたベクトルを経線にそって北極点まで平行移動する．そこから今度は東経 90 度の経線に沿って平行移動し，スマトラ島沖の赤道上までもってくる．さらに赤道に沿って出発点まで平行移動すると，出発時のベクトルとは 90 度方向が異なるようになっている．このように，曲がった空間は，ある領域のまわりをベクトルを平行移動させたとき，出発点とど

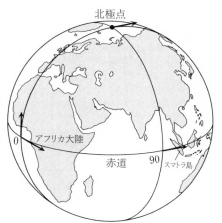

図 4-3

れだけずれるかで表現することができる.

2つの座標方向 x^k, x^l をとりだし,微小面積要素 $dx^k dx^l$ のまわりを一周することを考えよう.図4-4に示したように,座標 (x^k, x^l) をA点,座標 (x^k+dx^k, x^l) をB点,座標 (x^k+dx^k, x^l+dx^l) をC点,座標 (x^k, x^l+dx^l) をD点とする.A点からベクトル V^i をB点経由でC点に平行移動しよう.まず,A点からB点まで平行移動すると

$$\widetilde{V}^i(\mathrm{B}) = V^i(\mathrm{A}) - \Gamma^i_{kj}(\mathrm{A}) V^j(\mathrm{A}) dx^k \tag{4.94}$$

さらにこの $\widetilde{V}^i(\mathrm{B})$ をC点まで平行移動すると

$$\widetilde{V}^i(\mathrm{C}) = \widetilde{V}^i(\mathrm{B}) - \Gamma^i_{lj}(\mathrm{B}) \widetilde{V}^j(\mathrm{B}) dx^l \tag{4.95}$$

となる.ここで,A点とB点は微小距離 dx^k 離れているだけであるので

$$\Gamma^i_{lj}(\mathrm{B}) = \Gamma^i_{lj}(\mathrm{A}) + \frac{\partial \Gamma^i_{lj}(\mathrm{A})}{\partial x^k} dx^k \tag{4.96}$$

とあたえられる.B点経由で移動された $\widetilde{V}^i(\mathrm{C})$ と元々のベクトル $V^i(\mathrm{A})$ との差は,これらの式を代入し,A点での値で書き下すと

$$\begin{aligned}
\delta V(\mathrm{A} \to \mathrm{B} \to \mathrm{C}) &\equiv \widetilde{V}^i(\mathrm{C}) - V^i(\mathrm{A}) \\
&= -\Gamma^i_{kj} V^j dx^k - \Gamma^i_{lj} V^j dx^l \\
&\quad - \left(\frac{\partial \Gamma^i_{lj}}{\partial x^k} - \Gamma^i_{lm} \Gamma^m_{kj} \right) V^j dx^k dx^l
\end{aligned} \tag{4.97}$$

となる.ただしここで,dx に対して3次以上の項は無視した.同様にして

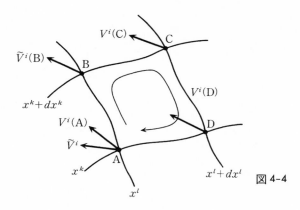

図 4-4

A 点から D 点経由に移動した場合の差を求めることができるが，それは単に上の式で添字 k と l を入れ換えたものである．

$$\delta V(\text{A}\to\text{D}\to\text{C}) = -\Gamma^i{}_{lj}V^j dx^l - \Gamma^i{}_{kj}V^j dx^k$$
$$-\left(\frac{\partial \Gamma^i{}_{kj}}{\partial x^l} - \Gamma^i{}_{km}\Gamma^m{}_{lj}\right)V^j dx^k dx^l \tag{4.98}$$

A 点から B 点，C 点，D 点経由で一周した場合のベクトルの変化量は

$$\delta V(\text{A}\to\text{B}\to\text{C}\to\text{D}\to\text{A}) = \delta V(\text{A}\to\text{B}\to\text{C}) - \delta V(\text{A}\to\text{D}\to\text{C})$$

である．なぜなら，$\delta V(\text{C}\to\text{D}\to\text{A}) = -\delta V(\text{A}\to\text{D}\to\text{C})$ であるからである．したがって，一周して帰ってきたベクトルと出発時のベクトルとの差は

$$\delta V(\text{A}\to\text{B}\to\text{C}\to\text{D}\to\text{A})$$
$$= \left(\frac{\partial \Gamma^i{}_{kj}}{\partial x^l} - \frac{\partial \Gamma^i{}_{lj}}{\partial x^k} + \Gamma^i{}_{lm}\Gamma^m{}_{kj} - \Gamma^i{}_{km}\Gamma^m{}_{lj}\right)V^j dx^k dx^l$$
$$= R^i{}_{jlk}V^j dx^k dx^l = -R^i{}_{jkl}V^j dx^k dx^l \tag{4.99}$$

でもある．つまり，リーマンの曲率テンソルとは，ベクトルを微小面積要素 $dx^k dx^l$ の周りを一周させたとき，出発前のベクトルと帰ってきたベクトルがどれだけずれるかを示す量である．

　曲率テンソルは (4.92) 式で定義されているので，この式にクリストッフェル記号の定義式を代入することによって，計量テンソルとその微分によって書き下すことができる．後の便宜のために，曲率テンソルの添字を下添字とした 4 階共変テンソルとしてこれを書き下すと

$$R_{mnij} \equiv g_{mk}R^k{}_{nij}$$
$$= \frac{1}{2}\left(\frac{\partial^2 g_{mj}}{\partial x^n \partial x^i} + \frac{\partial^2 g_{ni}}{\partial x^m \partial x^j} - \frac{\partial^2 g_{nj}}{\partial x^m \partial x^i} - \frac{\partial^2 g_{mi}}{\partial x^n \partial x^j}\right)$$
$$+ g^{rs}(\Gamma_{r,mj}\Gamma_{s,ni} - \Gamma_{r,mi}\Gamma_{s,nj}) \tag{4.100}$$

となる．

　この表式より，リーマンの曲率テンソルの次の対称性がただちにわかる．

(1)　$R_{mnij} = -R_{nmij}$ $\tag{4.101}$

(2)　$R_{mnij} = -R_{mnji}$ $\tag{4.102}$

(3)　$R_{mnij} = R_{ijmn}$ $\tag{4.103}$

(4) $R_{mijk} + R_{mjki} + R_{mkij} = 0$ (4.104)

いずれも，実際に添字を入れ換えてみると容易に確かめられる．このような対称性があるので，リーマンの曲率テンソルは4階のテンソルであるにもかかわらず，独立な成分は多くない．

それでは，リーマン空間として4次元時空を考えると，独立成分はいくつであろうか？　これを計算するために，曲率テンソルの前2つの添字をペアとしM，後ろ2つの添字をペアとしIで表わす．つまりR_{MI}とし，$M \equiv (mn)$，$I \equiv (ij)$である．(1)および(2)の対称性から，MおよびIの独立な成分は，(01), (02), (03), (12), (13), (23)の6成分のみである．さらに(3)の対称性から，M, Iを相互に入れ換えても独立ではないので，独立成分の数は$(6 \times 6 - 6)/2 + 6 = 21$個以下である．さらに対称性(4)が存在するために，自由度はさらに1減少して，結局，リーマンの曲率テンソルの独立成分は$21 - 1 = 20$個である．なお(4)の対称性は，$m = 0, 1, 2, 3$と，4つの独立な対称性があるように見えるが，対称性(1), (2), (3)を用いると，これらの4つの式は独立ではなく，結局，独立な式は1つであることがわかる．

リーマンの曲率テンソル $R^m{}_{nij}$ の第1添字と第3添字を縮約して作られる2階のテンソル

$$R_{nj} \equiv R^m{}_{nmj}$$ (4.105)

を**リッチテンソル**(Ricci tensor)という．リッチテンソルはまれに第1と第4添字を縮約して定義される場合もあるので，他の教科書を参考にする場合には注意しよう．リッチテンソルは(4.92)式より

$$R_{mj} = \frac{\partial \Gamma^i{}_{mj}}{\partial x^i} - \frac{\partial \Gamma^i{}_{mi}}{\partial x^j} + \Gamma^a{}_{mj}\Gamma^i{}_{ai} - \Gamma^a{}_{mi}\Gamma^i{}_{aj}$$ (4.106)

と書くことができる．またリッチテンソルは

$$R_{ij} = R_{ji}$$ (4.107)

という対称性をもつ．これは次のような式変形から容易にわかる．

$$R_{ij} = R^m{}_{imj} = g^{mn}R_{nimj} = g^{mn}R_{mjni} = g^{nm}R_{mjni} = R^n{}_{jni} = R_{ji}$$

(4.108)

さらにリッチテンソルを縮約して作ったスカラー量

$$R = R^i_{\ i} \equiv g^{ij}R_{ij} \tag{4.109}$$

を**スカラー曲率**(scalar curvature)という．

　リーマン空間として4次元時空を考えたとき，この時空がミンコフスキー空間であるための必要十分条件は，リーマンの曲率テンソルのすべての成分がゼロであることである．つまり時空が平坦であるためには，スカラー曲率や，リッチテンソルがゼロであるだけでは不十分なのである．

　この定理の必要条件は自明である．計量テンソルとして $g_{ij} = \eta_{ij}$ をとり，リーマンの曲率テンソルを定義式にしたがって計算すれば，すべての成分がゼロとなる．十分条件を証明しよう．

　時空の任意の1点で，座標変換により局所的にミンコフスキー空間を作ろう．そのミンコフスキー空間で4つの軸方向を向いた長さが1に規格化されたベクトルを**基本ベクトル**とよぶ．基本ベクトルをもとの座標系で表現したものを $e^{i(M)}(x)$ としよう(図4-5)．ここで i は座標軸の添字，M は4つの基本ベクトルにつけた番号で $M = 0, 1, 2, 3$ である．$e^{i(M)}(x)$ が基本ベクトルであることより，

$$g_{ij}(x)e^{i(M)}(x)e^{j(N)}(x) = \eta^{MN} \tag{4.110}$$

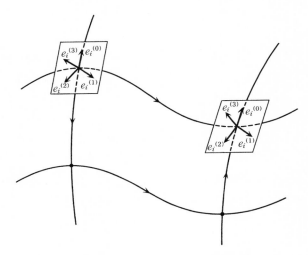

図 4-5　基本ベクトルの平行移動

もしくは，共変基本ベクトルを用いて表わすならば

$$g^{ij}(x)e_i^{(M)}(x)e_j^{(N)}(x) = \eta^{MN} \tag{4.111}$$

である．ここで η^{MN} はミンコフスキー空間の計量である．さてここで，この4つの基本ベクトルを全時空点に平行移動しよう（図4-5）．リーマンの曲率テンソル $R^m{}_{nij}$ が全時空でゼロであるので，どのような経路で平行移動しても，到着点が同じなら平行移動されたベクトルの値は同じである．つまり，すべての点で一意的に，移動された基本ベクトルは定まる．このように平行移動によって定義されたベクトル場 $e_i^{(M)}(x)$ の共変微分はゼロ

$$e_i^{(M)}{}_{;j}(x) = 0 \tag{4.112}$$

である．書き換えれば

$$\frac{\partial e_i^{(M)}(x)}{\partial x^j} = \Gamma^k{}_{ij}e_k^{(M)}(x) \tag{4.113}$$

である．この式で添字 i と j を入れ換えた式は

$$\frac{\partial e_j^{(M)}(x)}{\partial x^i} = \Gamma^k{}_{ji}e_k^{(M)}(x) \tag{4.114}$$

であるが，$\Gamma^k{}_{ij} = \Gamma^k{}_{ji}$ であるので

$$\frac{\partial e_i^{(M)}(x)}{\partial x^j} - \frac{\partial e_j^{(M)}(x)}{\partial x^i} = 0 \tag{4.115}$$

である．この条件が満たされていることより，ベクトル場 $e_i^{(M)}(x)$ をその勾配ベクトルとするスカラー場 $F^{(M)}$ を定義することができる．

$$e_i^{(M)}(x) \equiv \frac{\partial F^{(M)}}{\partial x^i} \tag{4.116}$$

ここで，このスカラー関数をもちいて座標変換

$$x'^m = F^{(m)}(x) \tag{4.117}$$

を行なう．ここで添字を M から m へと変えたのは，m は座標の指標だからである．すると x' 系での計量テンソルは

$$g'^{mn}(x') = \frac{\partial x'^m}{\partial x^i}\frac{\partial x'^n}{\partial x^j}g^{ij}(x) \tag{4.118}$$

であり，これは

$$g'^{mn}(x') = e_i{}^{(m)}(x)e_j{}^{(n)}g^{ij}(x) = \eta^{mn} \tag{4.119}$$

である．すなわち全時空で計量は η^{mn} であり，これは時空がミンコフスキー空間であることである． ◾

4-6 ビアンキの恒等式

$$R^m{}_{nij;k} + R^m{}_{njk;i} + R^m{}_{nki;j} = 0 \tag{4.120}$$

をビアンキの恒等式(Bianchi identity)という．この式は，左辺が1階反変4階共変のテンソルであるので，テンソル方程式である．したがって，1つの座標系でこの恒等式が証明されたならば，それは一般の座標系でも成立する．そこで，クリストッフェル記号が局所的にゼロである座標系でこの式を証明しよう．この座標系では共変微分は通常の微分と等しく

$$R^m{}_{nij;k} = \frac{\partial R^m{}_{nij}}{\partial x^k} = \frac{\partial^2 \Gamma^m{}_{jn}}{\partial x^k \partial x^i} - \frac{\partial^2 \Gamma^m{}_{in}}{\partial x^k \partial x^j} \tag{4.121}$$

同様に

$$R^m{}_{njk;i} = \frac{\partial^2 \Gamma^m{}_{kn}}{\partial x^i \partial x^j} - \frac{\partial^2 \Gamma^m{}_{jn}}{\partial x^k \partial x^i} \tag{4.122}$$

$$R^m{}_{nki;j} = \frac{\partial^2 \Gamma^m{}_{in}}{\partial x^k \partial x^j} - \frac{\partial^2 \Gamma^m{}_{kn}}{\partial x^i \partial x^j} \tag{4.123}$$

である．これらの3つの式を合計すると，右辺は互いに消し合いゼロとなるので，ビアンキの恒等式が得られる． ◾

ビアンキの恒等式に計量テンソル g^{kn} をかけ，第2添字 n を上付き添字 k に変える．このようなことができるのは，共変微分に対して計量テンソルは定数として振る舞うから，共変微分の内側に入れることができるからである．また添字 n をすでに式内にある k に変えたのは，添字 k について縮約をとるためである．

$$R^{mk}{}_{ij;k} + R^{mk}{}_{jk;i} + R^{mk}{}_{ki;j} = 0 \tag{4.124}$$

さらに，添字 j を m に変え，m についても縮約する．すると

$$R^{mk}{}_{im;k} + R^{mk}{}_{mk;i} + R^{mk}{}_{ki;m} = 0 \tag{4.125}$$

が得られる．第2項はスカラー曲率の定義より $R_{;i}$ である．第3項において，m と k を入れ換えリーマンの曲率テンソルの対称性(1), (2)を用いると，第3項は第1項と等しいことがわかる．またリッチテンソルの定義より，それぞれ $-R^k{}_{i;k}$ である．するとこの式は，共変微分をまとめて

$$G^k{}_{i;k} = 0 \qquad (4.126)$$

と書き換えることができる．ここで $G^k{}_i$ は

$$G^k{}_i \equiv R^k{}_i - \frac{1}{2}\delta^k{}_i R \qquad (4.127)$$

である．発散がゼロであるこのテンソルは，アインシュタインが次の章で示す重力場の方程式を導いたとき最初に導入したことから，**アインシュタインテンソル**(Einstein tensor)とよばれる．

　同様に2階共変のアインシュタインテンソル

$$G_{ij} = g_{ik}G^k{}_j = R_{ij} - \frac{1}{2}g_{ij}R \qquad (4.128)$$

も定義される．2階反変のアインシュタインテンソルも，その発散はゼロである．

$$G^{ij}{}_{;i} = 0 \qquad (4.129)$$

またリッチテンソルと同様に対称テンソルである．

　アインシュタインテンソルを縮約することによって作られるスカラー G は，スカラー曲率の符号を変えたものである．

$$G \equiv G^i{}_i = R^i{}_i - \frac{1}{2}\delta^i{}_i R = R - 2R = -R \qquad (4.130)$$

この関係と(4.128)式より，リッチテンソルはアインシュタインテンソルによって

$$R_{ij} = G_{ij} - \frac{1}{2}\delta_{ij}G \qquad (4.131)$$

と書くこともできる．この式は(4.128)で R と G を入れ換えたものである．

演習問題

1. 計量テンソルの微分に関する関係式 (4.30)〜(4.32) を証明せよ.

2. （ⅰ） クリストッフェル記号 $\Gamma^k{}_{ij}$ は縮約すると次のように表わされることを示せ.

$$\Gamma^j{}_{ij} = \frac{\partial \ln\sqrt{-g}}{\partial x^i}$$

（ⅱ） 反変ベクトル A^i の発散は次のように表わされることを示せ.

$$A^i{}_{;i} = \frac{1}{\sqrt{-g}} \frac{\partial \sqrt{-g}\,A^i}{\partial x^i}$$

3. 仮に1次元の時間と2次元の空間をもった3次元時空が存在したとしよう. その世界ではリーマンテンソルとリッチテンソルの自由度はいくつか？ これよりこの世界では $R_{ij}=0$ であれば時空が平坦であることを示せ.

5 一般相対論

第3章で述べたように，特殊相対論には2つの大きな限界があった．第1の限界は，座標系が慣性系に限られ，かつ座標変換も慣性系の間の変換であるローレンツ変換に限られていることである．特殊相対性原理は，互いに等速運動をしている無限に存在する慣性系が平等，つまり相対的であり，物理法則はどの慣性座標系でも不変な共変形式で記述されなければならないというものであった．しかし座標系は，われわれが物質世界の運動を記述するために便宜的にきめているものであって，慣性系に限られるべきではない．本来，物理学の法則は，人間が勝手に便宜上選んだ座標系にはよらない普遍的真理である．したがって物理法則は，慣性座標系間での変換にたいして共変形式に書けるだけでなく，一般の座標系間の変換，一般座標変換に対しても共変形式に書かれるはずである．この原理を**一般相対性原理**という．この章では前節で学んだリーマン幾何学を用いて物理法則を一般相対性原理を満たす形式に書き下そう．

　特殊相対論の第2の限界は，重力の法則を特殊相対性を満たすように定式化できなかったことである．重力は「質量エネルギー」をもつあらゆるものに働く．重力がエネルギーに対して働くということが，重力を特殊相対性原理を満たすように定式化できなかった原因であるが，逆にいえば，この点こそ特殊相対論をより深い真理，一般相対論へと発展させる鍵となったのである．第3章で論じたように，重力場での運動では慣性質量と重力質量が等し

いので，運動方程式から質量は消え，運動は粒子の質量によらない．したがって，加速度系に移ることにより，局所的ではあるが重力の存在しない慣性系を作ることができたのである．局所的に重力場を消去することができるという等価原理が一般相対論を構築する鍵となったのである．

5-1 重力場での粒子の運動と測地線

特殊相対論での自由粒子の運動は，(2.89)式で示されているように，作用

$$S = \int L d\tau \tag{5.1}$$

を極小にする経路であった．ここでラグランジアン L は

$$L = -mc\left\{-\eta_{ij}\frac{dx^i}{d\tau}\frac{dx^j}{d\tau}\right\}^{1/2} \tag{5.2}$$

である．一般座標系への自然な拡張は，ミンコフスキー空間の計量テンソル η_{ij} を一般座標系での計量 $g_{ij}(x)$ に置き換えることである．

$$L = -mc\left\{-g_{ij}(x)\frac{dx^i}{d\tau}\frac{dx^j}{d\tau}\right\}^{1/2} \tag{5.3}$$

固有時間 τ は一般座標系では

$$(cd\tau)^2 = -ds^2 = -g_{ij}(x)dx^i dx^j \tag{5.4}$$

である．計量 $g_{ij}(x)$ が単にミンコフスキー空間を曲線座標系，例えば極座標等で表現したものである場合は，これは単なる数学的表現の拡張に過ぎない．しかし一般の時空の場合は，重力場が存在する場合への物理的な拡張となっている．変分原理にしたがって運動方程式を導こう．導出法は，計量テンソル $g_{ij}(x)$ についての変分が必要であることを除けば，特殊相対論の場合と同様である．

まず作用 S の変分をとると

$$\delta S = \left(-\frac{1}{2}mc\right)\int \frac{-\dfrac{\partial g_{ij}}{\partial x^k}\dfrac{dx^i}{d\tau}\dfrac{dx^j}{d\tau}\delta x^k - 2g_{ij}(x)\dfrac{dx^i}{d\tau}\delta\left(\dfrac{dx^j}{d\tau}\right)}{\left\{-g_{ij}(x)\dfrac{dx^i}{d\tau}\dfrac{dx^j}{d\tau}\right\}^{1/2}} d\tau \tag{5.5}$$

となる．$(-1/2) \times$(第2項)は，$\delta(dx^j/d\tau)$ の変分を $(d\delta x^j/d\tau)$ に置き換え，部分積分を行なうと

$$-\left\{g_{ij}(x)\,\frac{dx^i}{d\tau}\right\}\frac{d\delta x^j}{d\tau} = \frac{d}{d\tau}\left\{g_{ij}(x)\,\frac{dx^i}{d\tau}\right\}\delta x^j - \frac{d}{d\tau}\left\{g_{ij}(x)\,\frac{dx^i}{d\tau}\delta x^j\right\} \quad (5.6)$$

と変形できる．さらに，分母は(5.4)より c であるので

$$\delta S = m\int_{0}^{\mathrm{P}}\left[\frac{1}{2}\,\frac{\partial g_{ij}}{\partial x^k}\,\frac{dx^i}{d\tau}\,\frac{dx^j}{d\tau} - \frac{d}{d\tau}\left\{g_{ik}(x)\,\frac{dx^i}{d\tau}\right\}\right]\delta x^k d\tau$$

$$+ m\left[g_{ij}(x)\,\frac{dx^i}{d\tau}\delta x^j\right]_{0}^{\mathrm{P}} \quad (5.7)$$

である．変分 δx^k でくくり出すために，(5.6)の右辺第2項で添字 j を k に変えた．ここで O は変分の始点，P は終点である．δx^k は O, P 点ではゼロであるので，(5.7)の最後の項はゼロである．したがって極小の条件より，(5.7)式の δx^k の前の括弧の中 [……] はゼロでなければならない．これより

$$g_{ik}(x)\frac{d^2x^i}{d\tau^2} - \frac{1}{2}\left\{\frac{\partial g_{ij}}{\partial x^k}\,\frac{dx^i}{d\tau}\,\frac{dx^j}{d\tau} - \frac{\partial g_{ik}}{\partial x^j}\,\frac{dx^i}{d\tau}\,\frac{dx^j}{d\tau} - \frac{\partial g_{ki}}{\partial x^j}\,\frac{dx^i}{d\tau}\,\frac{dx^j}{d\tau}\right\} = 0$$
$$(5.8)$$

が得られる．さらに括弧内第2項の i と j を入れ換え，式全体に計量テンソル g^{mk} をかけ k で縮約する．$g^{mk}g_{ik}=\delta^m{}_i$ や $\Gamma^m{}_{ij}$ の定義式(4.51)などをもちいてこれを整理することにより，運動方程式

$$\frac{d^2x^m}{d\tau^2} + \Gamma^m{}_{ij}\frac{dx^i}{d\tau}\,\frac{dx^j}{d\tau} = 0 \quad (5.9)$$

が導かれる．

この運動方程式はニュートン力学や特殊相対論での自由粒子のきわめて自然な拡張になっていることがすぐわかる．粒子の速度

$$u^m \equiv \frac{dx^m}{d\tau} \quad (5.10)$$

を定義すると，運動方程式は

$$\frac{du^m}{d\tau} + \Gamma^m{}_{ij}u^i\frac{dx^j}{d\tau} = 0 \tag{5.11}$$

と書き換えることができる。微小時間 $d\tau$ の間の速度変化は $du^m = u^m(x+dx) - u^m(x)$ である。(5.11)式より

$$u^m(x+dx) = u^m(x) - \Gamma^m{}_{ij}u^i dx^j \tag{5.12}$$

右辺は平行移動の定義式から，$u^m(x)$ を dx^j 離れた場所に平行移動したもの $\tilde{u}^m(x+dx)$ に他ならない。つまり

$$u^m(x+dx) = \tilde{u}^m(x+dx) \tag{5.13}$$

である（図 5-1）。自由粒子の運動は，最初の速度ベクトルの方向に速度を変化させることなく移動することである。したがって，これは自由粒子の運動の，重力場が存するために，時空がミンコフスキー時空でない場合への自然な拡張である。

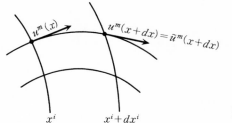

図 5-1

　一般にリーマン空間上で座標点を何かのパラメータの値の増加に伴って 1 つの軌道に沿って動かせるとき，軌道上での変化率を $u^m = dx^m/d\tau$ としよう。ここで τ は固有時間と限定されない何らかのパラメータである。この軌道に沿って u^m が変化しない，つまり常に平行移動になっているような軌道を**測地線**(geodesic curve)という。自由粒子の軌道は測地線の一例である。粒子の運動は当然，時間的 $(ds^2 < 0)$ でなければならない。つまり τ を固有時間としたとき，$u^m u_m = g_{mj}(x)u^m u^j < 0$ の条件を満たす測地線が自由粒子の軌道である。$u^m u_m = 0$，つまり光的場合 $(ds^2 = 0)$ は光の軌跡である。しかしこの場合，パラメータとして固有時間を用いることはできない。$d\tau^2 = -ds^2/c^2 = 0$ であるので，固有時間は光の軌道上では増加しないからである。

2-4 節でも示したように，特殊相対論では(5.1)の変分は自由粒子の軌道は固有時間極大であることを示していた．一般相対論の場合でもラグランジアン(5.3)は $-g_{ij}(x)dx^i dx^j = -ds^2 = (cd\tau)^2$ なので，特殊相対論の場合と同様に $L = -mc^2$ であり定数である．したがって(5.1)の作用極小の条件は

$$\delta S = -mc^2 \delta \int d\tau = 0 \tag{5.14}$$

となり，やはり固有時間極大の条件となっている．双子のパラドックスを考えるとき，始めから終わりまで地球上に固定されている時計は測地線に沿って運動するのであり，その固有時間は極大値をとる．ロケットの運動は加速度運動であり，測地線に沿ったものではない．地球上に固定された時計の時間の進み方がロケットに固定した時計より大きいことは，この変分原理から見れば自明のことである．

弱い重力場中での粒子の運動

運動方程式が導かれたので，計量テンソルがあたえられた時空の中での運動を計算することができるようになった．しかし，計量テンソルが物体，天体の存在によってどのように決まるのかをまだ知らないので，具体的な重力場での運動を計算することはこの段階ではできない．そこで，時空がほとんどミンコフスキー空間でそこからのずれが微小である場合の運動を調べ，その結果をニュートン力学と対比し，どのように計量が質量の存在によって決まっているのかを推測することにしよう．次の仮定をする．

(1) 計量は

$$g_{ij}(x) = \eta_{ij} + h_{ij}(x)$$

$$\eta_{ij} = \begin{pmatrix} -1 & 0 & 0 & 0 \\ 0 & 1 & 0 & 0 \\ 0 & 0 & 1 & 0 \\ 0 & 0 & 0 & 1 \end{pmatrix} \tag{5.15}$$

$$|h_{ij}(x)| \ll 1$$

と書くことができる．h の 2 次以上の項は計算で無視する．

(2) 計量 $g_{ij}(x)$ は時間 x^0 によらない．このような重力場を**定常な重力**

場という.

(3)　計量の成分は

$$g_{0\mu}(x) = 0, \quad \text{ただし } \mu = 1, 2, 3 \tag{5.16}$$

計量テンソルは対称テンソルであるので $g_{\mu 0}(x) = 0$ でもある. この条件の満たされる時空は dx^0 について 1 次の項がなくなるので時間反転に対して不変, つまり時間の向きを変えても $(t \to -t)$, 時空の性質は変化しない. このような重力場を**静的な重力場**という.

(4)　運動の速度は光速に比べて十分小さい.

$$u^\mu = \frac{dx^\mu}{d\tau} \ll c \tag{5.17}$$

u^μ/c の 2 次以上の項は無視することにする.

(1)の近似でクリストッフェル記号は(4.51)式より

$$\Gamma^k{}_{ij} = \frac{1}{2}\eta^{kl}\left(\frac{\partial h_{jl}}{\partial x^i} + \frac{\partial h_{li}}{\partial x^j} - \frac{\partial h_{ij}}{\partial x^l}\right) \tag{5.18}$$

となる. すると運動方程式は(5.9)より

$$\frac{d^2 x^\mu}{d\tau^2} + \Gamma^\mu{}_{00}\left(\frac{cdt}{d\tau}\right)^2 = 0 \quad (\mu = 1, 2, 3) \tag{5.19}$$

となる. ただし, $x^0 = ct$ とおいた. また, h の 2 次, $h(u^\mu/c), (u^\mu/c)^2$ の 2 次の項は無視した. また, この 2 次の項を無視する近似では, 固有時間 τ と座標時間 t は両者の関係式(5.4)から近似的に等しい ($\tau \approx t$). したがって, 運動方程式は

$$\frac{d^2 x^\mu}{dt^2} = -c^2 \Gamma^\mu{}_{00} \tag{5.20}$$

となる. このことより, クリストッフェル記号 $\Gamma^k{}_{ij}$ は重力加速度に対応していることがわかる.

クリストッフェル記号の成分, $\Gamma^\mu{}_{00}$ は(5.18)式より

$$\Gamma^\mu{}_{00} = \frac{1}{2}\eta^{\mu\nu}\left(-\frac{\partial h_{00}}{\partial x^\nu}\right) = -\frac{1}{2}\frac{\partial h_{00}}{\partial x^\mu} \tag{5.21}$$

であるので, 運動方程式は結局

$$\frac{d^2x^\mu}{dt^2} = \frac{c^2}{2}\frac{\partial h_{00}}{\partial x^\mu} \tag{5.22}$$

となる．これをニュートン力学での重力場ポテンシャル $\phi(x)$ の中での粒子の運動方程式，

$$\frac{d^2x^\mu}{dt^2} = -\frac{\partial \phi(x)}{\partial x^\mu} \tag{5.23}$$

と比較しよう．明らかに計量テンソルの微小成分 h_{00} は

$$h_{00} = -\frac{2}{c^2}\,\phi(x) \tag{5.24}$$

に対応する．またこれは (5.15) より計量テンソルの成分 $g_{00}(x)$ が

$$g_{00} = -1-\frac{2}{c^2}\,\phi(x) \tag{5.25}$$

に対応することがわかる．

等価原理の表現

第2章において，ニュートン力学の範囲で，一様な重力場は加速度系に移ることによって消し去ることができることを示した．そして座標変換によって重力場を消し去ることができることを等価原理だと説明した．空間的に非一様な一般の重力場では全時空で重力場を消し去ることはできず，局所的にのみ消し去ることが可能である．本節で行なったニュートン力学との対応から，重力もしくは重力加速度に対応するものはクリストッフェル記号であることが明らかとなった [(5.19) 式]．この対応は運動方程式 (5.9) を見ても明らかであろう．したがって，等価原理とは，座標変換によってクリストッフェル記号 $\Gamma^k{}_{ij}$ の全成分をゼロにすることができることである．

第4章で，平行移動を定義する段階で，$\Gamma^k{}_{ij}$ が下添字 i,j の交換に対して対称であるならば，座標変換によって全成分をゼロにすることが可能であることを示した．また，その逆も成立することを示したが，この要請が必要であった理由は，物理的には等価原理を満たすためであったのである．$\Gamma^k{}_{ij}$ の全成分をゼロにすることが可能であるのは，もちろん $\Gamma^k{}_{ij}$ がテンソルではないからである．テンソルであるならば，1つの座標系で全成分がゼロな

ら，座標変換によっていかなる座標系に移っても常に全成分がゼロである．
このように重力加速度そのものはテンソル量ではない．特殊相対論において
重力を共変形式に書くことができなかったのも，ここに原因があるといって
よい．

　等価原理によってどのような重力場の存在する時空でも，任意の点の近傍
で座標変換によってクリストッフェル記号 $\Gamma^k{}_{ij}$ の全成分をゼロにすること
ができる．この局所的に重力が消去された座標系を**局所慣性系**(local iner-
tial frame)という．重力の存在する時空であっても，この局所慣性系では
当然，特殊相対論は成立している．特殊相対性を満たすように共変形式に書
かれた物理法則の方程式はこの局所慣性系でも当然成立している．

5-2　電磁場の共変形式

特殊相対性原理を満たすように定式化された物理法則を一般相対性原理を満
たすように拡張することは容易なことである．上に記したように，ローレン
ツ変換に対して共変に書き下されている方程式は，一般相対論の立場で見れ
ば，局所慣性系では正しく成立している方程式である．物理法則は一般にテ
ンソル微分方程式として書き下されている．したがって，通常の微分を共変
微分に書き直し，ローレンツ共変であるテンソル量を，一般座標変換に対し
ても共変であるとみなせばよいだけである．

　具体的には，すでにローレンツ変換に対して共変に書き下されている電磁
場の方程式 (2.29), (2.33) の場合，

$$f_{ij;k} + f_{jk;i} + f_{ki;j} = 0 \tag{5.26}$$

$$f^{ij}{}_{;j} = \mu_0 j^i \tag{5.27}$$

と拡張することができる．ここで電磁場のテンソル (2.50) は

$$f_{ij} = A_{j;i} - A_{i;j} \tag{5.28}$$

である．ここで A_i は電磁場のポテンシャルである．特殊相対論的電磁気学
の場合と同様に，ゲージ条件としてローレンツ条件が課される．ローレンツ
条件 (2.47) も微分を共変微分に書き換えることにより，

$$A^i{}_{;i} = 0 \tag{5.29}$$

と拡張される.

もっとも，電磁場のテンソルは

$$f_{ij} = A_{j;i} - A_{i;j} = \frac{\partial A_j}{\partial x^i} - \Gamma^k{}_{ji}A_k - \frac{\partial A_i}{\partial x^j} + \Gamma^k{}_{ij}A_k$$

$$= \frac{\partial A_j}{\partial x^i} - \frac{\partial A_i}{\partial x^j} \tag{5.30}$$

であるので，通常の微分で定義したものと結果的には同じである.

5-3 場の運動方程式，エネルギー運動量テンソル

この電磁場の例でも明らかなように，重力を除けば，特殊相対性を満たすように定式化されている運動方程式を一般座標変換に対して共変な形式に書き下すことは簡単である. これらの運動方程式は，特殊相対論の場合と同様に，一般的に変分原理からも導かれるはずである. この節では一般相対性を満たす運動方程式が変分原理からどのように導かれるかを示そう. まずその準備として微小座標変換とキリングベクトルについて述べよう.

キリングベクトル

x 系から x' 系への微小座標変換を考えよう.

$$x'^i = x^i + \xi^i(x) \tag{5.31}$$

$\xi^i(x)$ は微小量だとする.

x 座標系で座標値が a^i である A 点での x' 系での計量テンソルの値は座標変換式

$$g'^{ij}(x') = \frac{\partial x'^i}{\partial x^m}\frac{\partial x'^j}{\partial x^n}g^{mn}(x) \tag{5.32}$$

より

$$g'^{ij}(a+\xi) = \left(\delta^i{}_m + \frac{\partial \xi^i}{\partial x^m}\right)\left(\delta^j{}_n + \frac{\partial \xi^j}{\partial x^n}\right)g^{mn}(a)$$

$$= g^{ij}(a) + \frac{\partial \xi^i}{\partial x^m} g^{mj}(a) + \frac{\partial \xi^j}{\partial x^n} g^{in}(a) \tag{5.33}$$

ここで ξ の 2 次の項は無視した．一方，x' 座標系で座標値が a^i である A′点での計量テンソルの値を，座標値が $x'^i = a^i + \xi^i$ である A 点からのテーラー展開によって求めると（図 5-2 参照）

$$g'^{ij}(a) = g'^{ij}(a+\xi) - \frac{\partial g'^{ij}}{\partial x'^k}\bigg|_{a+\xi} \xi^k$$

$$= g^{ij}(a) + g^{mj}\xi^i_{;m} + g^{in}\xi^j_{;n} - \xi^k\left(\frac{\partial g^{ij}}{\partial x^k} + g^{mj}\Gamma^i_{mk} + g^{in}\Gamma^j_{nk}\right) \tag{5.34}$$

となる．2 番目の式変形では，(5.33)式を代入した上で ξ に関する微分を共変微分に書き換えた．そのためクリストッフェル記号が式の中に現われた．また ξ の 2 次の項は無視し，また 1 次の近似では $\partial g'^{ij}/\partial x'^k = \partial g^{ij}/\partial x^k$ であることをもちいた．

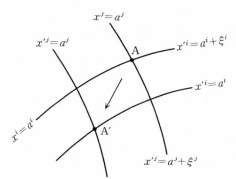

図 5-2　x 系から x' 系への微小座標変換

　(5.34)式の 2 行目の括弧の中は計量テンソルの共変微分 $g^{ij}_{;k}$ であり，恒等的にゼロである．ここで，A 点$(x^i = a^i)$ における x 座標系での計量テンソル $g^{ij}(a)$ と，A′点$(x'^j = a^i)$ での x' 系での計量テンソルの値 $g'^{ij}(a)$ との差を考えよう．同じ座標値ではあるが異なった座標系での，また ξ だけ離れた場所での値の差である．

$$\delta g^{ij} \equiv g'^{ij}(a) - g^{ij}(a) = g^{mj}\xi^i{}_{;m} + g^{in}\xi^j{}_{;n}$$
$$= \xi^{i;j} + \xi^{j;i} \tag{5.35}$$

同様な変形によって，共変計量テンソルについても

$$\delta g_{ij} = -\xi_{i;j} - \xi_{j;i} \tag{5.36}$$

が得られる．さてここで何か１つの時空を考え，その時空のすべての点に対して

$$\xi_{i;j}(x) + \xi_{j;i}(x) = 0 \tag{5.37}$$

を満たす変位ベクトル場 $\xi_i(x)$ が存在したとしよう．つまり座標系を微小座標変換，$x' = a^i + \xi^i$ によって，微小量だけずらせたにもかかわらず，$\delta g_{ij} = 0$，つまり計量テンソルの値はもとのままであるような $\xi_i(x)$ が存在するという意味である．このようなことは一般の非一様な時空では起こり得ない．しかしこの時空が何らかの対称性をもっているとき，その対称性の方向に移動させても，その計量テンソルは変化しない．簡単な例をあげれば，時間的に不変な計量を時間方向にずらしても変化はない．また軸対称性のある時空では，その軸方向にずらしても，もちろん計量テンソルは変化しない．計量テンソルがある方向の微小移動に対して不変であることを**アイソメトリー**(isometry)という．このような(5.37)を満たすベクトルを**キリングベクトル**(killing vector)という．また，(5.37)を**キリング方程式**という．キリングベクトルはその時空のもつ対称性の数だけ存在することは，いうまでもない．

変分原理による運動方程式

物理系のラグランジアン L があたえられたとき，その物理系の一般相対性原理を満たす運動方程式は，特殊相対論での変分原理(2.103)式を拡張することにより導かれる．簡単化のため，電磁場の場合と同様に，物質場としてベクトル場 $A_i(x)$ のみが存在している物理系を考えよう．

この系の作用は

$$S = \frac{1}{c} \int L \sqrt{-g}\, d^4 x \tag{5.38}$$

と拡張することができる．ラグランジアンはローレンツ変換に対してスカラ

一量として定義されているので，このラグランジアン中の微分を共変微分に置き換えることにより，一般座標変換に対してもスカラー量となるよう書き換えなければならない．また体積積分要素 d^4x は，一般座標変換に対して不変な体積 $\sqrt{-g}\,d^4x$ に置き換えなければならない．これにより，作用 S は一般座標変換に対して不変な量となる．最小作用の原理

$$\delta S = 0 \tag{5.39}$$

より，特殊相対論の場合と同様な手続きによってオイラー方程式

$$\frac{\partial}{\partial x^j}\frac{\partial(\sqrt{-g}\,L)}{\partial\left(\dfrac{\partial A^i}{\partial x^j}\right)} - \frac{\partial(\sqrt{-g}\,L)}{\partial A^i} = 0 \tag{5.40}$$

が得られる．この変分ではあたえられた時空の中での運動方程式を求めているのであるから計量は固定されており，当然 $\sqrt{-g}$ について変分をとってはならない．

電磁場のラグランジアンは，ローレンツ変換にたいして不変なラグランジアン (2.105) をそのまま一般共変性を満たすものとみなせばよい．

$$L = -\frac{1}{4\mu_0}f^{ij}f_{ij} + A_i j^i \tag{5.41}$$

これをオイラー方程式 (5.40) に代入すると，ベクトルポテンシャルを変数とした運動方程式

$$g^{kl}A^i{}_{;kl} - R^i{}_k A^k = -\mu_0 j^i \tag{5.42}$$

が得られる．この運動方程式は，電磁場の方程式 (5.27) にベクトルポテンシャルで表現した電磁場のテンソル (5.28) を代入しても得られる．

エネルギー運動量テンソル

ラグランジアンがあたえられたとき，その物理系のエネルギー運動量テンソルは，ニュートン力学で運動方程式からエネルギー保存式を導く場合と同様な方法で導くことができる．つまり運動方程式に「速度」$\partial A^i/\partial x^k$ をかけた式を変形することで，保存形式

$$T^j{}_{k;j} = 0 \tag{5.43}$$

という形式でまとめれば，$T^j{}_k$ がエネルギー運動量テンソルである．しかし，

このような方法によって導かれるエネルギー運動量テンソルは対称テンソルとはならない．適当な方法によって，これを対称テンソルに変形しなおさなければならない．ここでは，一般相対論でよく用いられている対称なエネルギー運動量テンソルを一挙に導く方法を示す．

作用 $S(A_i(x^m), g_{ij}(x^m))$ [(5.38)式]はスカラー量に不変体積をかけて積分したものであり，座標変換に対して不変である．作用はこのように不変だという条件から定めたのである．微小座標変換 $x^m \to x'^m = x^m + \xi^m(x)$ を考えよう．この微小座標変換に対し

$$A_i(x^m) \to A'_i(x'^m) = A_i(x^m) + \delta A_i(x^m) \tag{5.44}$$

$$g_{ij}(x^m) \to g'_{ij}(x'^m) = g_{ij}(x^m) + \delta g_{ij}(x^m) \tag{5.45}$$

と変化したとしよう．x' 系での作用 $S'(A'_i, g'_{ij})$ は $S(A_i + \delta A_i, g_{ij} + \delta g_{ij})$ に等しく，作用の差は次のように変形できる．

$$\begin{aligned} \delta S &\equiv S(A_i + \delta A_i, g_{ij} + \delta g_{ij}) - S(A_i, g_{ij}) \\ &= \delta S|_{g_{ij} \text{固定}} + \delta S|_{A_i \text{固定}} \end{aligned} \tag{5.46}$$

ここで

$$\delta S|_{g_{ij} \text{固定}} = S(A_i + \delta A_i, g_{ij} + \delta g_{ij}) - S(A_i, g_{ij} + \delta g_{ij}) \tag{5.47}$$

$$\delta S|_{A_i \text{固定}} = S(A_i, g_{ij} + \delta g_{ij}) - S(A_i, g_{ij}) \tag{5.48}$$

と定義した．作用 S はスカラー量を不変体積をかけて積分したものであり，座標変換に対して不変である．そのように要請して作用(5.38)は定めたのであり，当然ここでの微小座標変換に対しても

$$\delta S = 0 \tag{5.49}$$

でなければならない．また

$$\delta S|_{g_{ij} \text{固定}} = 0 \tag{5.50}$$

である．なぜなら，(5.47)をゼロとしたこの変分は，物質場の運動方程式(5.40)を導いた変分(5.39)にほかならず，物質場 A_i は運動方程式を満たしているのであるから当然ゼロである．したがって，この2つの式から

$$\delta S|_{A_i \text{固定}} = 0 \tag{5.51}$$

でなければならない．実際に作用(5.38)を A_i 固定の条件で計量 g_{ij} について変分をとると

$$\delta S|_{A_i \text{ 固定}} = \delta \frac{1}{c} \int L \sqrt{-g}\, d^4 x$$

$$= \frac{1}{c} \int \left\{ \frac{\partial(L\sqrt{-g})}{\partial g^{ij}} \delta g^{ij} + \frac{\partial(L\sqrt{-g})}{\partial\left(\dfrac{\partial g^{ij}}{\partial x^k}\right)} \delta\left(\frac{\partial g^{ij}}{\partial x^k}\right) \right\} d^4 x \qquad (5.52)$$

第2項において変分と微分の順序を入れかえ，$\delta(\partial g^{ij}/\partial x^k) = \partial\delta g^{ij}/\partial x^k$ とし，この項を部分積分すると

$$\delta S|_{A_i \text{ 固定}} = \frac{1}{c} \int \left\{ \frac{\partial(L\sqrt{-g})}{\partial g^{ij}} - \frac{\partial}{\partial x^k}\left(\frac{\partial(L\sqrt{-g})}{\partial\left(\dfrac{\partial g^{ij}}{\partial x^k}\right)} \right) \right\} \delta g^{ij} d^4 x \qquad (5.53)$$

となる．ただし，$\delta g^{ij}(x)$ は積分の無限遠方の境界ではゼロであるので，定積分項は境界でゼロとした．

ここで**エネルギー運動量テンソル**

$$T_{ij} \equiv \frac{2}{\sqrt{-g}} \left\{ \frac{\partial}{\partial x^k}\left(\frac{\partial(L\sqrt{-g})}{\partial\left(\dfrac{\partial g^{ij}}{\partial x^k}\right)} \right) - \frac{\partial(L\sqrt{-g})}{\partial g^{ij}} \right\} \qquad (5.54)$$

を定義する．このテンソルは定義から明らかなように対称テンソルである．このテンソルがエネルギー運動量テンソルとして満たすべき条件を満たしていることを以下に示そう．

このエネルギー運動量テンソルを用いると(5.53)は

$$\delta S|_{A_i \text{ 固定}} = -\frac{1}{2c} \int T_{ij} \delta g^{ij} \sqrt{-g}\, d^4 x \qquad (5.55)$$

と書くことができる．ここで注意しなければならないことは，δg^{ij} の成分は独立ではないことである．もし独立なら，$\delta S|_{A_i \text{ 固定}} = 0$ の条件より $T_{ij} = 0$ となってしまう．ここで $\delta S = 0$ となったのは，座標変換によって作用が変化しないことによっているのだから，独立なのは ξ^i であって δg^{ij} ではない．δg^{ij} は，すでに求めたように，ξ^i によって(5.35)式のように

$$\delta g^{ij} = g^{mj} \xi^i{}_{;m} + g^{in} \xi^j{}_{;n}$$

$$= \xi^{i;j} + \xi^{j;i} \qquad (5.56)$$

と書くことができる．これを代入すると

$$\delta S|_{A_i \text{固定}} = -\frac{1}{2c}\int \{T_{ij}(\xi^{i;j}+\xi^{j;i})\}\sqrt{-g}\,d^4x$$

$$= -\frac{1}{c}\int \{T_{ij}\xi^{i;j}\}\sqrt{-g}\,d^4x$$

$$= -\frac{1}{c}\int \{T^{ij}\xi_{i;j}\}\sqrt{-g}\,d^4x$$

$$= -\frac{1}{c}\int \{(T^{ij}\xi_i)_{;j}-T^{ij}_{\;\;;j}\xi_i\}\sqrt{-g}\,d^4x \tag{5.57}$$

2番目の等式は T_{ij} が対称テンソルであることを用いた．この第1項の積分はゼロである．なぜならばベクトルの共変微分に関する公式(第4章の演習問題2)，

$$A^j_{\;;j} = \frac{1}{\sqrt{-g}}\frac{\partial}{\partial x^j}(\sqrt{-g}\,A^j)$$

より，$A^j = T^{ij}\xi_i$ とすれば，第1項の積分は

$$-\frac{1}{c}\int A^j_{\;;j}\sqrt{-g}\,d^4x = -\frac{1}{c}\int \frac{\partial}{\partial x^j}(\sqrt{-g}\,A^j)d^4x$$

$$= -\frac{1}{c}\int (\sqrt{-g}\,A^j)dS_j = 0 \tag{5.58}$$

となる．ここでガウスの定理を用い，無限遠方での表面積分とした．無限遠方では微小座標変換は $\xi_i = 0$ とするので，$A^j = 0$ であり，表面積分はゼロとなる．このようにして

$$\delta S|_{A_i \text{固定}} = \frac{1}{c}\int T^{ij}_{\;\;;j}\xi_i\sqrt{-g}\,d^4x \tag{5.59}$$

任意の微小座標変換 $\xi_i(x)$ に対してこの積分はゼロでなければならず，このことから

$$T^{ij}_{\;\;;j} = 0 \tag{5.60}$$

である．エネルギー運動量テンソル T^{ij} の発散がゼロ，つまりこれはエネルギー運動量保存則である．このように，エネルギー運動量保存則は，物理系の作用 S が任意の微小座標変換に対して不変であることと同値である．

このようにして定義されたエネルギー運動量テンソルを用いて，電磁場のエネルギー運動量テンソルを求めることができる．電磁場のみのエネルギー運動量テンソルを求めたいので，ラグランジアン(5.41)で，電流をゼロとしたもの

$$L = -\frac{1}{4\mu_0} f^{ij} f_{ij} \tag{5.61}$$

を(5.54)式に代入する．すると

$$T_{ij} = \frac{1}{\mu_0} \left(g^{kl} f_{ik} f_{jl} - \frac{1}{4} g_{ij} f_{kl} f^{kl} \right) \tag{5.62}$$

が得られる．

5-4 重力場の方程式

前節までに示したように，物理法則は，重力場自身の法則は除いて，一般座標変換に対して共変な形式，つまり一般相対性を満たすように書き下すことができた．さて，それでは一般相対論の核心に進もう．

すでに弱い重力場での粒子の運動から推測したように，ニュートン力学での重力場のポテンシャルは計量テンソルと関係づけられていることがわかっている．それでは，どのような法則に従って時空の計量は決まるのであろうか？　アインシュタイン自身が試行錯誤しながら重力場の方程式を導いた道筋に従って，考えていくことにしよう．

ニュートン力学では，重力場のポテンシャル ϕ は次のポアソン方程式によって決まる．

$$\Delta\phi = 4\pi G\rho \tag{5.63}$$

求めるべき計量テンソルを定める方程式は，(i)重力場が弱い，(ii)運動の速度は光速に比べて遅い，という極限では，このポアソン方程式に帰ってくるはずである．したがって，このポアソン方程式を一般相対性を満たすように拡張してやりさえすれば，その方程式に達することができるはずである．つまり，この式をテンソル方程式に拡張すればよいのである．

まず左辺を考えよう. ポテンシャル ϕ は, 弱い重力場では $g_{00}=-1$ $-2\phi(x)/c^2$ [(5.25)式]と関係づけられていることから, $\phi=-(g_{00}+1)c^2/2$ を代入しよう. 一方, 右辺の質量密度は相対論ではエネルギー密度であり, これはエネルギー運動量テンソル, (2.120)の (0,0) 成分, T_{00} であらわせ ば $\rho=T_{00}/c^2$ である. したがって, ポアソン方程式は

$$-\Delta g_{00} = \frac{8\pi G}{c^4} T_{00} \tag{5.64}$$

となる. これを共変な形式にするためには, まず微分演算子

$$\Delta = \frac{\partial^2}{\partial x^2} + \frac{\partial^2}{\partial y^2} + \frac{\partial^2}{\partial z^2} \tag{5.65}$$

は時間を含まない演算子であるので, 一般共変性を満たすためには, 少なく とも時間微分をも含む共変な微分演算子ダランベリアン, $\square$ に置き換える 必要がある. ダランベリアンは, 一般座標系ではテンソル量 T に作用させ たとき

$$\square T \equiv \{g^{kl}(T_{;l})\}_{;k} = \frac{1}{\sqrt{-g}} \frac{\partial}{\partial x^k} \left(\sqrt{-g}\, g^{kl} \frac{\partial T}{\partial x^l} \right) \tag{5.66}$$

と定義される. (5.64)で Δg_{00} を $\square g_{ij}$ に置き換えると

$$-\square g_{ij} = \frac{8\pi G}{c^4} T_{ij} \tag{5.67}$$

が得られる. しかし残念ながら, この式は明らかに不適格である. 左辺の計 量テンソルの共変微分はゼロ($g_{ij;l}=0$)であり, $\square g_{ij}$ は恒等的にゼロである.

重力場の方程式は, この式のように, 右辺のエネルギー運動量テンソルに 重力定数 G をかけたものによって左辺, つまり時空の性質を表わすテンソ ルが決定されるという形式になっているはずである. そこで, 左辺となる求 めるべき2階共変テンソルを X_{ij} としよう.

$$X_{ij} = \frac{8\pi G}{c^4} T_{ij} \tag{5.68}$$

テンソル X_{ij} は時空の性質を反映するテンソルであるから, 計量テンソル g_{ij} の関数である. このテンソルは, まず第1に, その発散がゼロでなけれ

ばならない.

$$X^{ij}_{\ ;j} = 0 \qquad (5.69)$$

なぜならば，(5.68)式の発散をとったとき右辺のエネルギー運動量テンソルの発散はゼロ，つまり $T^{ij}_{\ ;j}=0$ だからである.

しかし，発散がゼロである計量テンソルの関数は無数にあり，これだけの条件からは X_{ij} は定まらない．ところが，物理法則は簡単で美しいものである．この条件を満たすもっとも簡単な候補を調べ，その $(0,0)$ 成分が弱い重力場の極限で式(5.64)を満たすならば，それが有力候補である．その発散がゼロであるもっとも簡単な例は，計量テンソル g_{ij} そのものである．しかしこれだけでは，弱い重力場の極限で(5.64)式に帰ることはない．(5.64)式に帰るためには，X_{ij} は必ず計量の2階微分を含まなければならない．2階微分を含む2階のテンソルとしては，リーマンの曲率テンソルや，それを縮約したテンソルが考えられる．また(5.64)式は計量テンソルの2階微分に対して線形であるので，X_{ij} も線形であると推測できる．アインシュタインは最初その候補としてリーマンの曲率テンソルを縮約したリッチテンソル R_{ij} を考えた．しかし，このテンソルの発散はゼロとならない．そこで，リッチテンソルに適当な2階テンソルを加えることで，何とか発散がゼロとなるテンソルが作れないか試みたのである．それが前章で導いたアインシュタインテンソル $G_{ij}=R_{ij}-g_{ij}R/2$ なのである.

したがって，X_{ij} は g_{ij} と G_{ij} の組み合わせと考えられる.

$$X_{ij} = a_1 g_{ij} + a_2 G_{ij} \qquad (5.70)$$

これを(5.68)式に代入し，計量テンソルは重力場が弱い場合の極限の式 $g_{ij}(x)=\eta_{ij}+h_{ij}(x),\ |h_{ij}(x)| \ll 1$，としよう．また静的条件を課し，時間微分はゼロとしよう．すると，$(0,0)$ 成分については簡単な計算によって

$$2a_1 - a_2 \Delta g_{00} = \frac{8\pi G}{c^4} T_{00} \qquad (5.71)$$

が得られる．したがって

$$a_1 = 0, \quad a_2 = 1 \qquad (5.72)$$

が弱い重力場の極限でニュートンの万有引力の法則と一致する条件である.

X_{ij} としてアインシュタインテンソル G_{ij} を採用した方程式

$$G_{ij} = \frac{8\pi G}{c^4} T_{ij} \quad \text{もしくは} \quad R_{ij} - \frac{1}{2} R g_{ij} = \frac{8\pi G}{c^4} T_{ij} \qquad (5.73)$$

を**アインシュタインの重力場の方程式**という.

　このように，物質の存在によって時空がどのような計量をもつかを決める一般相対論の基本方程式は，試行錯誤しながら，ニュートンの万有引力の法則を拡張することによって見つけられたのである．読者の皆さんは，この泥臭い推論で導かれた方程式を美しい方程式と感じないかもしれない．しかし次に，変分原理によりこの式が実に単純な重力場の作用を仮定することで導かれることを学ぶ．そしてその美しさに感動するであろう．しかし多くの場合，物理学の研究の現場で最初に真理に達するのは，この場合と同様に，一見泥臭い試行錯誤による場合がほとんどであろう．それを最初になし遂げることができる人は，実は物理的直感と，しっかりした論理をもっている人なのである．

　いうまでもなく，この重力場の方程式が実際に正しく重力場を記述するものであるかどうかは，実験で検証されなければならない．次の章で示すように，星の光が太陽の重力で曲げられる観測が日食を利用して行なわれ，アインシュタインのこの方程式が予言するものと見事に一致し検証されたのである．

　アインシュタインは，しかし，これも第7章で示すように，宇宙論的な考察から，重力場の方程式の中に現われた定数 a_1 は非常に小さな値ではあるが，ゼロではないと考えた．そして a_1 をギリシャ文字 Λ で表わした．

$$R_{ij} - \frac{1}{2} R g_{ij} + \Lambda g_{ij} = \frac{8\pi G}{c^4} T_{ij} \qquad (5.74)$$

重力場の方程式は混合テンソルで書けば

$$R^i_{\ j} - \frac{1}{2} R \delta^i_{\ j} + \Lambda \delta^i_{\ j} = \frac{8\pi G}{c^4} T^i_{\ j} \qquad (5.75)$$

である．この Λ を**宇宙項**(cosmological term)，もしくは**宇宙定数**(cosmological constant)という．もちろん，宇宙項を含む重力場の方程式は弱

い重力の極限でもポアソン方程式に一致せず，(5.71) 式からも明らかなように余分な定数 Λ が残ってしまう．しかし，この値は，地上での実験や天体の運行にはほとんど影響がないような小さな値と考えるのである．宇宙項は理論的に興味深いものであり，後の宇宙論の解説でその意味を考えるが，たとえ宇宙項が存在するとしても宇宙論以外には何の影響もないので，以後，宇宙項の存在しない方程式を重力場の方程式とする．

重力場の方程式の縮約をとろう．左辺第1項はスカラー曲率 R に，第2項は $-2R$ となるので，結局

$$-R = \frac{8\pi G}{c^4} T \tag{5.76}$$

ただし，T はエネルギー運動量テンソルのトレース

$$T = T^i{}_i \tag{5.77}$$

である．重力場の方程式はこの関係式を代入し

$$R_{ij} = \frac{8\pi G}{c^4}\left(T_{ij} - \frac{1}{2}T g_{ij}\right) \tag{5.78}$$

と書き換えることもできる．したがって，エネルギー運動量テンソルがまったくゼロの時空点ではリッチテンソルがゼロであるという式が場の方程式である．

$$R_{ij} = 0 \tag{5.79}$$

歴史的には，アインシュタインはまずこの真空での重力場の方程式を1914年に求めている．

しかし，いうまでもなく，リッチテンソルがゼロであることは，決して時空が平坦であるということではない．前の章で示したように，平坦とは，リーマンの曲率テンソルのすべての成分がゼロであることである．真空中に質点があるとき，その周りの時空は平坦ではないが，リッチテンソルはゼロである．

変分原理による重力場の方程式の導出

前の節で導いた重力場の方程式を今度は変分原理から導いてみよう．ラグランジアン L_{m} で記述される物質場が存在するとしよう．系全体の作用 S は

重力場の作用 S_g と物質場の作用 S_m との和である.

$$S = S_\mathrm{g} + S_\mathrm{m}$$

$$S_\mathrm{g} = \frac{1}{c} \int L_\mathrm{g} \sqrt{-g}\, d^4 x \tag{5.80}$$

$$S_\mathrm{m} = \frac{1}{c} \int L_\mathrm{m} \sqrt{-g}\, d^4 x$$

重力場のラグランジアン L_g の候補は,一般座標変換に対して不変であり,かつ簡単なスカラー量である.単なる定数,スカラー曲率 R,スカラー曲率の 2 乗 R^2,リッチテンソルの内積 $R^{ij} R_{ij}$ などが考えられる.これらをラグランジアンとして計算してみると,結局,定数とスカラー曲率というもっとも簡単な組み合わせをとると,前の節で導いた重力場の方程式,(5.71) が導出されることがわかる.それを以下に示そう.

ラグランジアンを

$$L_\mathrm{g} = \frac{c^4}{16\pi G}(-2\varLambda + R) \tag{5.81}$$

とする.$\varLambda$ は宇宙定数となる定数である.これを (5.80) 式に代入し,作用 S_g の変分をとる.スカラー曲率を $R = g^{ij} R_{ij}$ と書き換え,変分をとると

$$\begin{aligned}
\delta S_\mathrm{g} &= \frac{c^3}{16\pi G} \int \delta\{(g^{ij} R_{ij} - 2\varLambda)\sqrt{-g}\} d^4 x \\
&= \frac{c^3}{16\pi G} \int \{\delta g^{ij} R_{ij}\sqrt{-g} + g^{ij}\delta R_{ij}\sqrt{-g} + (g^{ij} R_{ij} - 2\varLambda)\delta\sqrt{-g}\} d^4 x
\end{aligned} \tag{5.82}$$

となる.$\{\ \ \}$ の中の第 2 項中の δR_{ij} は整理すると

$$\delta R_{ij} = (\delta \varGamma^k{}_{ij})_{;k} - (\delta \varGamma^k{}_{ik})_{;j} \tag{5.83}$$

となる.計量テンソル g^{ij} は共変微分の中に入れることができるので

$$\begin{aligned}
g^{ij}\delta R_{ij} &= (g^{ij}\delta \varGamma^k{}_{ij})_{;k} - (g^{ij}\delta \varGamma^k{}_{ik})_{;j} = (g^{ij}\delta \varGamma^k{}_{ij} - g^{ik}\delta \varGamma^j{}_{ij})_{;k} \\
&= A^k{}_{;k}
\end{aligned} \tag{5.84}$$

である.ただし,括弧の中全体を A^k と定義した.すると,第 2 項の積分は,ガウスの定理よりゼロとなる.

$$\int A^{k}{}_{;k}\sqrt{-g}\,d^4x = \int \frac{\partial}{\partial x^k}\Big(\sqrt{-g}\,A^k\Big)d^4x$$

$$= \int \sqrt{-g}\,A^k dS_k = 0 \tag{5.85}$$

なぜなら，無限遠方の境界で $\delta\Gamma^k{}_{ij}$ はゼロであるので，A^k もそこでゼロである．第3項は，計量テンソルの微分式(4.32)より

$$\delta\sqrt{-g} = -\frac{\delta g}{2\sqrt{-g}} = -\frac{1}{2}\sqrt{-g}\,g_{ij}\delta g^{ij} \tag{5.86}$$

である．これらの式を変分式(5.82)に代入すると

$$\delta S_{\mathrm{g}} = \frac{c^3}{16\pi G}\int\Big(R_{ij}-\frac{1}{2}Rg_{ij}+\Lambda g_{ij}\Big)\delta g^{ij}\sqrt{-g}\,d^4x \tag{5.87}$$

が得られる.

また前節の(5.55)ですでに示されているように，物質場の作用の変分は

$$\delta S_{\mathrm{m}} = -\frac{1}{2c}\int T_{ij}\delta g^{ij}\sqrt{-g}\,d^4x \tag{5.88}$$

と変形できる．よって，系全体の作用の変分は

$$\delta S = \frac{1}{2c}\int\Big\{\frac{c^4}{8\pi G}\Big(R_{ij}-\frac{1}{2}Rg_{ij}+\Lambda g_{ij}\Big)-T_{ij}\Big\}\delta g^{ij}\sqrt{-g}\,d^4x \tag{5.89}$$

である．任意の変分 δg^{ij} に対して作用が極値をもつ条件 $\delta S=0$ より，重力場の方程式

$$R_{ij}-\frac{1}{2}Rg_{ij}+\Lambda g_{ij} = \frac{8\pi G}{c^4}T_{ij} \tag{5.90}$$

が得られる．

このようにアインシュタインの重力場の方程式は，一般座標変換に対して共変なスカラー量の中でも最も単純な定数やスカラー曲率をラグランジアンとすることによって導かれる．重力場の方程式は非線形の偏微分テンソル方程式であり，これを解くのは容易ではない．しかし，このように実に単純な原理から導かれる，物理学のなかでもきわめて美しい方程式ということができるのである．

アインシュタインの夢

アインシュタインは 1933 年，ヒットラーが政権をとった年，ドイツからアメリカに移住した．以後ニュージャージー州にあるプリンストン高等研究所で研究を続けた．プリンストンでアインシュタインが主に研究していたテーマは「統一場理論」とよばれるものである．

　私たちのすむ物質世界は，物質間に働く力によって運動し変化している．物質間に働く力すべてが理解され，それを記述する法則がわかれば，基本的には物質世界の運動は理解されたことになる．しかし，細かな現象ごとにそれぞれの独自の法則が必要というのでは，それはもはや法則などとよべるものではない．物理学とは，できるだけ多くの現象を説明できる，より簡単な法則を作り上げることだとも言えよう．

　現在，見かけ上いろんな力があるが，それらはすべて 4 つの基本的力に帰着されることがわかっている．重力，電磁力，強い力，弱い力である．4 つまで整理できたのならば，これらをまとめあげてひとつの法則にすることはできないのだろうか？　これが実現できたとすれば，われわれは統一されたひとつの法則さえ知っていれば，原理的には世界の運動すべてをそこから予言できることになる．これは理論物理学者の大きな夢であり，アインシュタインはそのような統一理論を晩年作り上げようとしていたのである．しばしば「アインシュタインの夢」とよばれている．

　もっとも，強い力と弱い力は原子核の中や素粒子の世界で働く力で，アインシュタインの時代には，実験的にも理論的にもその性質ははっきりしたものではなかった．したがって，アインシュタインが試みていたのは，重力と電磁力の統一である．しかし，その夢をアインシュタインは実現することはできなかった．

　1967 年，ワインバーグ（S. Weinberg）とサラム（A. Salam）によって，弱い力と電磁力を統一する理論が提唱され，実験的にもそれが確認された．1970 年代，さらに強い力をも含む統一理論，大統一理論の研究が

盛んに行なわれ，有力な理論が提唱されている．重力をも含むすべての
力の統一理論は，超紐理論などによる試みはあるが，未だ実現していな
い．

6 球対称な重力場の真空解と粒子の運動

アインシュタインによって導かれた重力場の方程式は，一般共変性というきわめて原理的要請に基づいて求められた美しい方程式である．しかし，いかに理論的に美しくとも，物理学の法則は実験によって検証されなければならず，もし実験と矛盾するなら，これは捨て去らなければならない．一般相対論を検証するには，強い重力場が必要である．強い重力場は，空間的サイズは小さいが質量がきわめて大きい物体の周りに生じる．現在の技術でも，地上の実験でこのような強い重力場を生成し実験することは不可能である．したがって，一般相対論の検証は地上では困難であり，強い重力場が存在する宇宙の観測によって検証することになる．実際，一般相対論の検証は，惑星の中で最も太陽に近い軌道をまわっている水星の軌道運動を用いて行なわれた．また，太陽をかすめてやってくる恒星の光が折れ曲がる現象からも行なわれた．

　この章では，まず重力場の方程式を解き，質点の周りの時空の計量を求める．そして，この時空での粒子の運動や光の伝播を調べ，観測と比較してみよう．

6-1　シュバルツシルト解

さてそれでは，重力場の方程式を解いて，球対称で時間的変化のない時空の

計量を求めよう．一般の時空では計量テンソルには 10 の自由度があるが，このような球対称，時間不変という対称性があると，自由度は減少し，計量テンソルの形は方程式を解く前から限られたものとなる．

球座標

$$x^0 = ct, \quad x^1 = r, \quad x^2 = \theta, \quad x^3 = \phi$$

を用いて考えよう．すると原点を中心として球対称で静的な時空は，簡単に

$$ds^2 = f_1(r)(cdt)^2 + f_2(r)dr^2 + f_3(r)(d\theta^2 + \sin^2\theta d\phi^2) \tag{6.1}$$

と書くことができる．ここで $f_1(r), f_2(r), f_3(r)$ は r の関数である．球対称でかつ時間によらないのだから，計量のすべての成分は定数か r のみの関数である．球対称性から，$d\theta$ や $d\phi$ は立体角を表わす $(d\theta^2 + \sin^2\theta d\phi^2)$ というまとまった形でのみ表われる．もし，$dtd\theta, dtd\phi, drd\theta, drd\phi$ などの項があると，計量が θ や ϕ によって変化することになるので球対称ではない．また $dtdr, dtd\theta, dtd\phi$ の項があると，時間反転(時間 t を $-t$ に置き換えること)に対して，その項は符号を変えるので，計量は静的でなくなる．このように，球対称で静的な時空は，対角成分のみをもつ計量によって(6.1)のように記述されるのである．

さらに(6.1)において座標 r を伸び縮みさせて $r'^2 = f_3(r)$ で定義される r' 座標を導入すると

$$ds^2 = h_1(r')(cdt)^2 + h_2(r')dr^2 + r'^2(d\theta^2 + \sin^2\theta d\phi^2) \tag{6.2}$$

という簡単な計量で記述される．また $h_1(r')$ や $h_2(r')$ は変換式 $r'^2 = f_3(r)$ を r について解いた式，$r = g(r')$ を $f_1(r)$ と $f_2(r)$ に代入したもの，つまり $f_1(g(r'))$ や $f_2(g(r'))$ である．さらに，計量の微分や積分計算などを便利にするために，$h_1(r') \equiv -e^{\nu(r')}, h_2(r') \equiv e^{\lambda(r')}$ として，新しい関数 $\nu(r'), \lambda(r')$ を導入する．すると計量は

$$ds^2 = -e^{\nu(r)}(cdt)^2 + e^{\lambda(r)}dr^2 + r^2(d\theta^2 + \sin^2\theta d\phi^2) \tag{6.3}$$

となる．ただし，以後の便宜のため r' は r と書き換えた．結局，球対称・静的な計量テンソルは

$$
\begin{aligned}
g_{00} &= -e^{\nu(r)}, \quad g_{11} = e^{\lambda(r)}, \quad g_{22} = r^2, \quad g_{33} = r^2\sin^2\theta \\
g^{00} &= -e^{-\nu(r)}, \quad g^{11} = e^{-\lambda(r)}, \quad g^{22} = r^{-2}, \quad g^{33} = (r^2\sin^2\theta)^{-1}
\end{aligned} \tag{6.4}
$$

となり，2つの未知関数 $\nu(r)$ と $\lambda(r)$ を含んだ形式で書くことができた．この計量を重力場の方程式

$$R^i{}_j - \frac{1}{2}R\delta^i{}_j = \frac{8\pi G}{c^4}T^i{}_j \tag{6.5}$$

に代入し，2つの未知関数を求めることにしよう．

まずクリストッフェル記号を(4.51)に代入し計算すると，次のようになる．

$$\begin{aligned}
&\Gamma^0{}_{10} = \Gamma^0{}_{01} = \nu'/2, \quad \Gamma^1{}_{00} = \nu' e^{\nu-\lambda}/2 \\
&\Gamma^1{}_{11} = \lambda'/2, \quad \Gamma^1{}_{22} = -re^{-\lambda}, \quad \Gamma^1{}_{33} = -r\sin^2\theta\, e^{-\lambda} \\
&\Gamma^2{}_{12} = \Gamma^2{}_{21} = r^{-1}, \quad \Gamma^2{}_{33} = -\sin\theta\cos\theta \\
&\Gamma^3{}_{13} = \Gamma^3{}_{31} = \frac{1}{r}, \quad \Gamma^3{}_{23} = \Gamma^3{}_{32} = \cot\theta
\end{aligned} \tag{6.6}$$

ここで $'$ は $x^1(=r)$ に関する微分である．他の成分はすべてゼロである．これらを(4.106)に代入しリッチテンソルを計算すると，重力場の方程式(6.5)の $(0,0)$ 成分は

$$e^{-\lambda}\left(\frac{1}{r^2} - \frac{\lambda'}{r}\right) - \frac{1}{r^2} = \frac{8\pi G}{c^4}T^0{}_0 \tag{6.7}$$

$(1,1)$ 成分は

$$e^{-\lambda}\left(\frac{\nu'}{r} + \frac{1}{r^2}\right) - \frac{1}{r^2} = \frac{8\pi G}{c^4}T^1{}_1 \tag{6.8}$$

$(2,2)$ および $(3,3)$ 成分は

$$\frac{1}{2}e^{-\lambda}\left(\nu'' + \frac{\nu'^2}{2} + \frac{\nu'-\lambda'}{r} - \frac{\nu'\lambda'}{2}\right) = \frac{8\pi G}{c^4}T^2{}_2 = \frac{8\pi G}{c^4}T^3{}_3 \tag{6.9}$$

となる．他の成分はすべてゼロとなる．

さてここまでは，物質が球対称に分布している場合一般に通用する式であるが，以後，原点に質量 M の質点があり，周りは真空とする．したがって，質点の存在している原点を除きエネルギー運動量テンソル $T^i{}_j$ はゼロであるので，周りの真空領域では，(6.7)，(6.8)，(6.9)の右辺はすべてゼロである．すると，$(0,0)$ 成分の式は関数 $\lambda(r)$ の1階常微分方程式であるので，ただちに積分することができ，

$$e^{\lambda(r)} = \frac{1}{1-\dfrac{c_1}{r}} \tag{6.10}$$

となる. c_1 は積分定数で, 境界条件から定める. この解を $(1,1)$ 成分の式 (6.8) に代入し積分すると

$$e^{\nu(r)} = c_2\left(1-\frac{c_1}{r}\right) \tag{6.11}$$

が得られる. c_2 は積分定数である. このようにして計量

$$ds^2 = -\left(1-\frac{c_1}{r}\right)c_2(cdt)^2 + \frac{1}{1-\dfrac{c_1}{r}}dr^2 + r^2(d\theta^2 + \sin^2\theta d\phi^2) \tag{6.12}$$

が得られる. 積分定数 c_2 は時間のスケールを変えるだけであるので, $\sqrt{c_2}\,t$ を t と置き換える座標変換をすれば消去できる. 残った定数は c_1 ただ1つである. これはこの系を特徴づける唯一の物理量, 中心の質点の質量 M と関係していることはいうまでもない. 定数 c_1 は, 遠方での粒子の運動がニュートンの万有引力の法則による運動と近似的に一致しなければならないという条件から定めることができる.

　質量 M の重力場のポテンシャルはニュートンの万有引力の法則では $\phi(r)$ $=-GM/r$ であるので, これを第5章で導いた計量の $(0,0)$ 成分と重力ポテンシャルの関係式 (5.25) に代入すると

$$g_{00} = -1 - \frac{2}{c^2}\phi = -1 + \frac{2GM}{rc^2} \tag{6.13}$$

となる. 上の (6.12) 式の $g_{00} = -(1-c_1/r)$ が $r \to \infty$ で (6.13) に帰さねばならない条件から, $c_1 = 2GM/c^2$ でなければならない. このようにして質点まわりの球対称真空解は

$$ds^2 = -\left(1-\frac{2GM}{rc^2}\right)(cdt)^2 + \frac{1}{1-\dfrac{2GM}{rc^2}}dr^2 + r^2(d\theta^2 + \sin^2\theta d\phi^2) \tag{6.14}$$

となる. この重力場の方程式の解を**シュバルツシルト解**, そしてこの計量を

シュバルツシルト計量という．この解は最初に発見された重力場の方程式の厳密解である．この解を発見したシュバルツシルト (K. Schwarzschild, 1873–1916) はドイツの有名な天文学者で，アインシュタインが重力場の方程式を完成する前に，アインシュタインがすでに求めていた物質場の存在しない真空中での方程式を解くことによってこの解を求めたのである．しかし，第1次世界大戦に従軍し病に倒れ，解を発見した年に43歳で病死している．

本書では，物質が存在する場合の解を後で求める便宜のために，完成した場の方程式を解くことによって一般的に解を求めた．真空解だけでよいなら，すでに第5章で示したように式(5.79)，$R_{ij}=0$ を解けばよいのである．

シュバルツシルト計量は十分遠方ではニュートンの万有引力の法則と一致するが，半径が

$$r_g = \frac{2GM}{c^2} \tag{6.15}$$

で発散する．さらにこの半径より内部の領域，$r<r_g$ では g_{00} は正となり，また g_{11} は負となる．つまり内部の領域では，t の方向への微小変化 dt によって世界間隔の2乗 ds^2 は正となり，t 座標軸は時間的ではなく空間的（$ds^2>0$）になっている．また r 軸の方向は，逆に，空間的ではなく時間的（$ds^2<0$）になっている．この計量の性質が大きく変化する半径 r_g を**重力半径**，もしくは**シュバルツシルト半径**という．かつてこの半径の位置は「シュバルツシルト特異点」とよばれたが，別の異なった座標系を用いると計量は発散しないし，また時空の性質を示すリーマンテンソルは決してここで発散しない．一般相対論での特異点の厳密な定義は次の章で行なうが，シュバルツシルト半径の位置は特異点ではない．シュバルツシルト時空の全体的性質については次章で詳しく解説することとし，この章では $r>r_g$ の領域での時空の性質について調べよう．

重力による時間の遅れと光の赤方偏移

動径 $r(>r_g)$ である位置に1つの時計を静止して置く．この時計の刻む時間，つまり固有時間 τ は $-(cd\tau)^2=ds^2$ であるので，計量(6.14)より

$$d\tau = \left(1 - \frac{r_\mathrm{g}}{r}\right)^{1/2} dt \tag{6.16}$$

である．この座標系は無限遠方で漸近的にミンコフスキー時空に近づく座標系であるので，dt は無限遠方で静止している観測者の固有時間，観測者の時計が刻む時間である．無限遠方の観測者から見ると，強い重力場にある時計の進みはのろくなる．例えば，$r=(4/3)r_\mathrm{g}$ に置いた時計は，無限遠方の観測者の時計が 1 秒を刻む間に 2 分の 1 秒しか刻まない．第 1 章で双子のパラドックスを議論したときのように，ロケットはあるところで折り返すために，加速度運動をしなければならない．折り返すために重力の強い天体に近づきその重力で折り返すと考えるならば，双子のパラドックスは，一方が強い重力場中を通過したために時間の進みが遅くなったためだという見方もできる．重力の強いところで時計の進みが遅くなることは，地上で地面に近いところにある時計と高い位置にある時計を比較することで検証されている．

　無限遠方の観測者にとって，重力が強い場所での時間の進みが遅いということは，強い重力場から放出された電磁波の振動の周期，つまり波の 1 つの山から次の山までの時間も長くなるということである．遠方で dt と観測された周期の波は，重力の強い発信源では周期が(6.16)の $d\tau$ だったのである．したがって，中心から r の位置にある発信源から固有振動数 ν_em，固有波長 λ_em で放出された電磁波は，無限遠方では振動数，

$$\nu_\infty = \left(1 - \frac{r_\mathrm{g}}{r}\right)^{1/2} \nu_\mathrm{em} \tag{6.17}$$

波長

$$\lambda_\infty = \left(1 - \frac{r_\mathrm{g}}{r}\right)^{-1/2} \lambda_\mathrm{em} \tag{6.17}'$$

の長い波として観測される．これを**重力による赤方偏移**という．この赤方偏移は，重力ポテンシャルの深いところから光子が脱出するときに失うエネルギー損失として解釈してもよい．赤方偏移は実際メスバウアー効果を用いて地上で証明されている．

　ところで，発信源の位置 r が重力半径 r_g に近づくと，この赤方偏移は無

限大となる．したがって，半径 r_g の球面は**無限赤方偏移面**となっており，これは，発信源が重力半径を越えてこの球面内に入ると，もはや光といえども強い重力のため脱出できなくなることを意味している．

6-2 シュバルツシルト時空での粒子の運動

5-1 節で示したように，重力場の粒子のラグランジアンは

$$L = -mc\left\{-g_{ij}\frac{dx^i}{d\tau}\frac{dx^j}{d\tau}\right\}^{1/2} \tag{6.18}$$

である．第 5 章では，このラグランジアンから作用を求め，それを最小とすることにより運動方程式，つまり測地線の方程式を導いた．ここでは，シュバルツシルト時空での粒子の運動の問題に適した方法で粒子の運動を求めてみよう．

まず 2-4 節で特殊相対論での粒子の運動を論じたときのように，形式的にラグランジアンを L としたまま，作用最小の条件からオイラー方程式を求める．(2.91)式と同様な

$$\frac{d}{d\tau}\frac{\partial L}{\partial u^i} - \frac{\partial L}{\partial x^i} = 0 \tag{6.19}$$

が得られる．ここで $u^i \equiv dx^i/d\tau$ は 4 元速度である．運動量は

$$p_i \equiv \frac{\partial L}{\partial u^i} = mg_{ij}(x)u^j \tag{6.20}$$

である．ラグランジアン(6.18)は座標 x^i を含まないので，オイラー方程式の第 2 項 $\partial L/\partial x^i$ はゼロである．したがって，オイラー方程式の第 0 成分は

$$\frac{dp_0}{d\tau} = 0 \tag{6.21}$$

である．積分すると

$$p_0 = 積分定数 = -mc\varepsilon \tag{6.22}$$

である．ここで積分定数を $mc\varepsilon$ とし，無次元の量 ε を導入しておく．具体的に(6.20)に $g_{00}(x)$ 成分の式(6.4)を代入し，p_0 を求めると

$$p_0 c = -mc^2\left(1 - \frac{r_\mathrm{g}}{r}\right)\frac{dt}{d\tau}$$

$$= mc^2\varepsilon \tag{6.23}$$

となる．一方，第3成分（ϕ 成分）は

$$\frac{dp_3}{d\tau} = 0 \tag{6.24}$$

で，同様に積分すると，$p_3 = mcr_\mathrm{g}l$ である．ここでは積分定数を $mcr_\mathrm{g}l$ とし，無次元の量 l を導入した．具体的に (6.20) に $g_{33}(x)$ 成分の式 (6.4) を代入すると

$$p_3 = mr^2\sin^2\theta\frac{d\phi}{d\tau} = mr^2\frac{d\phi}{d\tau} = mcr_\mathrm{g}l \tag{6.25}$$

となる．ここで，以後の計算が簡単になるように，粒子の軌道面を $\theta = \pi/2$（$\sin\theta = 1$）とした．明らかに，ε は粒子のエネルギー E を静止質量エネルギーで規格化した無次元エネルギー，l は角運動量 L を mcr_g で規格化した無次元角運動量である．

$$\varepsilon = \frac{E}{mc^2}, \qquad l = \frac{L}{mcr_\mathrm{g}} \tag{6.26}$$

r 方向の運動を決めるために，オイラー方程式の第1成分（r 成分）を用いてもよいが，運動量ベクトルの長さが

$$p^i p_i = g^{ij}p_i p_j = -m^2 c^2 \tag{6.27}$$

であることを用いると，後の計算に便利な

$$-c^2\left(1 - \frac{r_\mathrm{g}}{r}\right)\left(\frac{dt}{d\tau}\right)^2 + \left(1 - \frac{r_\mathrm{g}}{r}\right)^{-1}\left(\frac{dr}{d\tau}\right)^2 + r^2\left(\frac{d\phi}{d\tau}\right)^2 = -c^2 \tag{6.28}$$

が得られる．(6.23), (6.25) を代入し整理する．

$$\frac{1}{c^2}\left(\frac{dr}{d\tau}\right)^2 = (\varepsilon^2 - 1) + \frac{r_\mathrm{g}}{r} - \frac{r_\mathrm{g}^2}{r^2}l^2 + \frac{r_\mathrm{g}^3}{r^3}l^2 \tag{6.29}$$

さらに，固有時間での微分を (6.25) を用いて ϕ の微分に置き換える．

$$\left(\frac{dr}{d\phi}\right)^2 = \frac{r^4}{r_\mathrm{g}^2 l^2}\left\{(\varepsilon^2 - 1) + \frac{r_\mathrm{g}}{r} - \frac{r_\mathrm{g}^2}{r^2}l^2 + \frac{r_\mathrm{g}^3}{r^3}l^2\right\} \tag{6.30}$$

これは粒子の軌道の方程式である．ニュートン力学でのケプラー運動の軌道の式と同様に

$$u \equiv \frac{r_g}{r} \tag{6.31}$$

を定義すると，軌道運動の式は

$$\left(\frac{du}{d\phi}\right)^2 = \frac{1}{l^2}(\varepsilon^2-1) + \frac{1}{l^2}u - u^2 + u^3 \tag{6.32}$$

という簡単な式となる．また後の計算に必要であるので，この式を ϕ で微分し，2階微分の運動の式を導いておく．

$$\frac{d^2u}{d\phi^2} = \frac{1}{2l^2} - u + \frac{3}{2}u^2 \tag{6.33}$$

一方，非相対論的ニュートン力学でのケプラー運動の式は

$$\left(\frac{du}{d\phi}\right)^2 = \frac{1}{l^2}(\varepsilon^2-1) + \frac{1}{l^2}u - u^2 \tag{6.34}$$

$$\frac{d^2u}{d\phi^2} = \frac{1}{2l^2} - u \tag{6.35}$$

であり，相対論的な式(6.32)，(6.33)はこれらの式にそれぞれ補正項，u^3 や $-u^2$ がつけ加わったという形式になっていることがわかるであろう．

さて，力学で学んだケプラー運動の復習をしておこう．非相対論的ケプラー運動の式は，(6.34)式を積分することにより，

$$u = \frac{1}{2l^2}\{1 + e\cos(\phi - \phi_0)\} \tag{6.36}$$

ここで e は離心率で

$$e^2 - 1 = 4l^2(\varepsilon^2 - 1) \tag{6.37}$$

である．また ϕ_0 は積分定数であるが，軌道の位置を定める起点の回転角である．どこを起点に軌道を考えてもよいが，後の議論に便利なように，軌道半径 r が最も小さな位置，近日点の角度を ϕ_0 としよう．力学で学んだように，この式から，粒子のエネルギーが静止質量より大きいか小さいかで

$$\varepsilon < 1 \quad \text{なら} \quad e < 1 \quad \text{(楕円軌道)}$$
$$\varepsilon = 1 \quad \text{なら} \quad e = 1 \quad \text{(放物線軌道)}$$
$$\varepsilon > 1 \quad \text{なら} \quad e > 1 \quad \text{(双曲線軌道)}$$

と分類できることがわかる．楕円軌道の場合，長径は $\phi - \phi_0 = 0$ の近日点での動径の長さと，遠日点 $\phi - \phi_0 = \pi$ での動径の長さの和の半分であるので

$$a = l^2\left(\frac{1}{1+e} + \frac{1}{1-e}\right)r_g = \frac{2l^2}{1-e^2}r_g \tag{6.38}$$

また近日点での動径の長さは

$$r_0 = \frac{2l^2}{1+e}r_g = (1-e)a \tag{6.39}$$

である．

　さて，軌道が重力半径より十分遠方である限り軌道運動はこのようなケプラー運動であるが，その軌道は一般相対論的効果による摂動を受ける．

　それでは具体的に水星の軌道に対するこの相対論の効果を調べてみよう（図6-1参照）．太陽の質量 $M = 2 \times 10^{33}$ g より，

$$r_g = \frac{2GM}{c^2} = 2.95 \text{ km} \tag{6.40}$$

である．また水星の離心率 $e = 0.2056$，長径 $a = 5.786 \times 10^{12}$ cm であるので，$r_0 \gg r_g$，したがって常に軌道のどの位置でも $u \ll 1$ である．無次元角運動量の値は $l = 3.064 \times 10^3$ である．したがって，相対論の効果は，軌道に対する摂動として求めることができる．アインシュタインが一般相対論を作り上げ

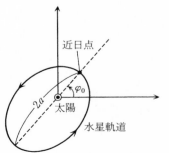

図6-1　水星の近日点

ていた 20 世紀初頭，水星の近日点の移動の観測データが天体力学的な計算と一致しないことが，天文学の大きな問題となっていた．純粋のケプラー運動では近日点は固定されており，移動することはないが，外側をまわっている金星など惑星による摂動によって近日点移動が起こる．しかし，ニュートン力学での計算には，100 年間に 43 秒角という小さな値ではあるが観測データとの間にはっきりとした不一致が存在することが知られていた．アインシュタインは，この値を相対論の効果として説明したのである．

ここでは，近日点の位置が 1 周期あたり $\varDelta$ ラジアン進む，つまり

$$\phi_0 = \varDelta \frac{\phi}{2\pi} \tag{6.41}$$

と変化するとして，摂動によりこの値を求めよう．軌道運動の式

$$u = \frac{1}{2l^2}\{1 + e\cos(\phi(1-\delta))\} \tag{6.42}$$

$$\delta = \frac{\varDelta}{2\pi} \tag{6.43}$$

を相対論的軌道方程式(6.32)に代入し，$\delta \ll 1, e \ll 1$ として摂動計算を行なう．両辺の $e\cos(\phi(1-\delta))$ の係数が等しくなければならない条件より，

$$-\frac{1}{2l^2}(1-\delta)^2 = -\frac{1}{2l^2} + \frac{3}{4l^4} \tag{6.44}$$

が得られる．これを，(6.26), (6.38)をもちいて整理する．

$$\delta = \frac{3}{4}l^{-2}, \qquad \varDelta = \frac{6\pi GM}{(1-e^2)ac^2} \tag{6.45}$$

1 周期あたりの近日点移動の値，$\varDelta$ ラジアンに 100 年間での水星の公転数 (100 年/0.2409 年)をかけ，さらに角度を秒角で表わすと，近日点移動の値はちょうど 43 秒角となる．近日点移動は惑星の摂動の効果で主におこるが，それだけでは説明できなかった残差を一般相対論的効果でアインシュタインは説明したのである．

重力半径近傍での運動

まず，運動として最も簡単な角運動量がゼロ（$l=0$）の場合を考えてみよう．

初期条件として，粒子が時刻 $\tau=0$ で半径 $r=r_0$ に静止していたとする．その粒子が半径 r まで落下するのに要する固有時間 τ は，(6.29)式を積分することにより

$$\tau = -\frac{1}{c}\int_{r_0}^{r}\left\{\frac{r_\mathrm{g}}{r}-\frac{r_\mathrm{g}}{r_0}\right\}^{-1/2}dr$$

$$= \frac{1}{c}\left(\frac{r_0^3}{4r_\mathrm{g}}\right)^{1/2}\left\{2\left(\frac{r}{r_0}-\frac{r^2}{r_0^2}\right)^{1/2}+\cos^{-1}\left(\frac{2r}{r_0}-1\right)\right\} \tag{6.46}$$

である．ここで $r=r_0$ で静止している条件から $\varepsilon^2-1=-r_\mathrm{g}/r_0$ とした．この式より $r=r_0$ から $r=r_\mathrm{g}$ に達する固有時間は有限である．つまり，$r=r_0$ でいったん静止したロケットの中にいる人が自分の時計で重力半径内までに落下する時間を測定したならば，有限の時間で重力半径内に落下する．しかし，(6.16)式や(6.23)式が示しているように，重力半径に近づいた物体の微小固有時間 $d\tau$ は，遠方では無限に長い時間に引き延ばされる．したがって，無限遠方にいる観測者から見ると，ロケットは重力半径に限りなく近づくが，いつまで時間がたっても決して内には入らない．

逆に今度は，重力の場を振り切って無限遠方に脱出することを考えよう．無限遠方で運動エネルギーがゼロとすると，$r=r_0$ の位置での脱出速度は (6.29)より

$$v_\mathrm{es}(r_0) = c\sqrt{\frac{r_\mathrm{g}}{r_0}} \tag{6.47}$$

となる．この式はまったくニュートン力学の場合と同様で，ちょうど重力半径の位置からの脱出速度は光速度である．これは，光といえども脱出可能なぎりぎりの位置は重力半径であることを示している．ブラックホールの厳密な定義は次の章で示すが，通常ブラックホールとは，いったん入ればもはや強い重力のため脱出不可能な時空構造であると言われている．シュバルツシルト時空はそのようなブラックホールの1つである．

さて，一般に角運動量がゼロでない場合について考えてみよう．相対論的エネルギー保存の式(6.29)式を整理し，ニュートン力学でのエネルギー保存則と対応がつくように書き下すと

$$\frac{\varepsilon^2 - 1}{2} = \frac{1}{2c^2}\left(\frac{dr}{d\tau}\right)^2 + V(r) \tag{6.48}$$

ただし

$$V(r) = -\frac{r_g}{2r} + \frac{r_g{}^2}{2r^2}l^2 - \frac{r_g{}^3}{2r^3}l^2 \tag{6.49}$$

となる．右辺第1項は運動エネルギー，第2項はポテンシャルエネルギーとなる．角運動量がゼロでない場合の動径方向の運動は，ニュートン力学の場合と同様に，このポテンシャル $V(r)$ の形状を見れば定性的性質は容易にわかる．ニュートン力学との相違はポテンシャルに相対論的効果として第3項が加わっただけであるが，これによって重力半径近傍での運動は大きく変わる．ニュートン力学では，l がゼロでなければ第2項の遠心力ポテンシャルによってポテンシャルエネルギーは $r \rightarrow 0$ の極限で正の無限大となるので，粒子は中心に落下することはできなかった．しかし，第3項によって，むしろポテンシャルエネルギーは負の無限大となる．この効果により，図6-2に示すように，

(1) $l < \sqrt{3}$ の場合，ポテンシャルは中心に向かって単調減少，極小をも

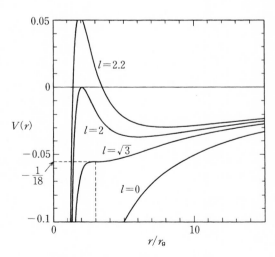

図6-2 重力半径近傍での運動

たないため安定な軌道は存在しない.

(2) $l < 2$ ではポテンシャルエネルギーは常に負である.

円運動の軌道半径は角運動量があたえられれば，ポテンシャルが極小の条件，$\partial V(r)/\partial r = 0$，$\partial^2 V(r)/\partial r^2 > 0$ の条件から求められる.

$$\frac{r}{r_\mathrm{g}} = l^2 + l\sqrt{l^2 - 3} \tag{6.50}$$

したがって，最も中心に近い円軌道は，$l = \sqrt{3}$ の場合の重力半径の3倍の位置 $(r = 3r_\mathrm{g})$ であり，これよりさらにエネルギーを失うと中心に落下する.

ブラックホールの予言者

フランスの有名な科学者ラプラス (P. S. Laplace, 1749-1827) の著書『世界の体系』(1796) に，もし質量 M の星が重力で縮み，その半径が $\dfrac{2GM}{c^2}$ より小さくなれば，もはや光も逃げ出すことができない，黒い天体になってしまう，という記述がある．彼はこの半径を単純にその星からの脱出速度が光の速さに等しい，つまり

$$\frac{1}{2}mc^2 = \frac{GmM}{r}$$

という式から求めたのである．彼はニュートン力学にしたがって求めたのであるが，偶然，相対論的計算と完全に一致し，正確な重力半径を求めている．これにより，ブラックホールの最初の予言者としてラプラスは知られていた．

　しかし1980年代になって，ラプラスの著書より数年早くイギリスの科学者マイケル (J. Michel) が同様のことを王立協会の学術誌に1783年に発表していることが指摘された．したがって，最初のブラックホールの予言者は，現在ではマイケルということになっている．

重力による光線の折れ曲がり

一般相対論の検証として最初に行なわれた観測は，日食時に太陽表面をすれすれに通過してやってくる恒星からの光線の折れ曲がりの測定である．本来，太陽に隠されて見えないはずの恒星が，太陽の重力によって光線が曲げられ観測できる可能性がある．1919年，エディントン(A. S. Eddington)率いるイギリスの日食観測隊はこの効果を確認し，一般相対論は実験的にも認知された．

　球対称な重力場での光の伝播は，粒子の運動と同様に計算することができる．ただし，運動のパラメータとして固有時間を用いることはできない．しかし，ここでは簡単に粒子の質量 m をゼロにした極限として，光線の軌道の式を求めよう．無次元エネルギー ε や無次元角運動量 l〔(6.26)〕は $m \to 0$ の極限では発散してしまうが，しかし軌道の式(6.32)は発散せず

$$\left(\frac{du}{d\phi}\right)^2 = \alpha^{-2} - u^2 + u^3 \tag{6.51}$$

となる．ただし

$$\alpha^{-2} \equiv \lim_{m \to 0} \frac{\varepsilon^2 - 1}{l^2} = \left(\frac{Er_\mathrm{g}}{Lc}\right)^2 \tag{6.52}$$

である．α^{-1} の値は弱い重力場を光が伝播するときはきわめて小さい値である．太陽表面近くをすれすれに通過する光線の角運動量 L はおよそ $(E/c)r_0$ である．r_0 は太陽の中心から光線におろした垂線の長さである．r_0 は太陽半径 $R_\odot$ より大きいので $\alpha^{-1} < r_\mathrm{g}/R_\odot \approx 4 \times 10^{-6} \ll 1$ である．同様に $u \equiv r_\mathrm{g}/r < r_\mathrm{g}/R_\odot \approx 4 \times 10^{-6} \ll 1$ である．したがって，一般相対論的効果を表わす最後の u^3 を無視すれば，この方程式の解は直線運動の式

$$u = \alpha^{-1} \cos \phi \quad \left(\text{あるいは } r = \frac{\alpha r_\mathrm{g}}{\cos \phi}\right) \tag{6.53}$$

である．光線が直線からずれる効果を摂動計算で求めるために，近似解として

$$u = \alpha^{-1} \cos \phi + \alpha^{-2} f(\phi) \tag{6.54}$$

とおく．これを光線の伝播の式(6.51)に代入する．α^{-3} のオーダーの項の比

較から

$$f(\phi) = \frac{1}{2}\,(1+\sin^2\phi) \tag{6.55}$$

が得られる．極座標から直交座標系，$x = r \cos \phi,\ y = r \sin \phi$ へと軌道の方程式を書き換えると

$$x = \alpha r_9 - \frac{1}{2\alpha}\frac{x^2+2y^2}{\sqrt{x^2+y^2}} \tag{6.56}$$

が得られる．光が太陽にまだ近づいていない十分遠方の極限，$y \ll -|x|$，もしくは十分遠方に遠ざかった極限，$y \gg |x|$ の極限で，この式は

$$y = \begin{cases} +\alpha(x-\alpha r_9) & (y \ll 0) \\ -\alpha(x-\alpha r_9) & (y \gg 0) \end{cases} \tag{6.57}$$

となる．図 6-3 からも明らかなように，両極限での光線が y 軸と交差するときの角度を θ とすると，θ は α より

$$\alpha^{-1} = \tan \theta \sim \theta \tag{6.58}$$

とあたえられる．光線の折れ曲がりの角度，δ は

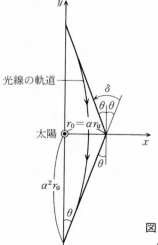

図 6-3　太陽の重力による光線
　　　の折れ曲がり

$$\delta = 2\theta \approx 2a^{-1} = 2\frac{r_{\mathrm{g}}}{r_0} = \frac{4GM}{c^2 r_0} \tag{6.59}$$

となる．ここで $M = M_\odot = 1.99 \times 10^{33}$ g, $r_0 = R_\odot = 6.96 \times 10^{10}$ cm を代入する
と

$$\delta = 8.49 \times 10^{-6} \text{ ラジアン} = 1.75 \text{ 秒角}$$

となる．$M_\odot$ は太陽の質量である．

近年の光線の折れ曲がりの観測は，可視光ではなく，電波によって行なわれている．日食でないときにも観測可能であるばかりでなく，角度測定をはるかに精密に行なうことができるからである．超長基線電波干渉計(VLBI)によるクエーサーとよばれる強い電波を放出している天体を用いての観測では，理論と観測との一致は

$$\frac{\delta_{\text{観測}} - \delta_{\text{理論}}}{\delta_{\text{理論}}} = 0.004 \pm 0.003 \tag{6.60}$$

の程度である．つまり，1% 以下の精度で一般相対論の予言の正しさが証明されている．

最近，重力場による光の折れ曲がりは，**重力レンズ効果**として天文学で重

図6-4　重力レンズ効果の例(NASA 提供)

要な役割をはたしている．100億光年彼方にある強い電波をだす天体クエーサーとわれわれの銀河との間の視線近傍に偶然別の銀河があると，その銀河による重力レンズ効果により，クエーサーの像が点ではなくリング状に見えたり，また1つのものが複数個の像に見えたりする(図6-4)．重力レンズと考えられる現象は，すでに何十個と発見されている．

第6章 演習問題

1. シュバルツシルト解を導くとき，球対称であるだけでなく時間的にも不変であることを仮定した．しかし，球対称な真空での解はシュバルツシルト解のみであることが知られている．この解の唯一性の定理を**バーコフの定理**という．関数 ν や λ は r だけの関数ではなく時間 t の関数，つまり $\nu(r, t)$, $\lambda(r, t)$ だとしても，結局シュバルツシルト時空が得られることを示せ．

2. 無限遠方から速度 v の粒子をシュバルツシルトブラックホールに入射したとき，その角運動量がある値より小さいとき捕獲される．この捕獲断面積を求めよ．

7 超高密度天体とブラックホール

7-1 非相対論的星の重力平衡

高温のガス球である太陽などの恒星が宇宙空間に飛び散ってしまわないのは，いうまでもなく，自分自身の強い重力でガスを引き付けているからである．したがって，恒星の内部構造は，ガス圧と重力の力学的平衡によって定まる．図7-1のように，球対称な恒星を玉ねぎの皮状に球殻に分割しよう．半径が r，厚さが Δr，密度が $\rho(r)$，そこでの圧力が $p(r)$ の球殻のひとつについて力学平衡の式を作ってみよう．

$$4\pi r^2 \{ p(r) - p(r+\Delta r) \} = G\frac{4\pi r^2 \Delta r \rho(r) \cdot M(r)}{r^2} \tag{7.1}$$

この差分式は微分方程式

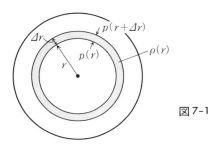

図7-1

$$-\frac{dp}{dr} = \frac{G\rho M(r)}{r^2} \tag{7.2}$$

と書き換えることができる．ここで $M(r)$ は半径 r 内の全質量，

$$M(r) = \int 4\pi r^2 \rho(r) dr \tag{7.3}$$

である．もしくは微分形に書きなおすと

$$\frac{dM(r)}{dr} = 4\pi r^2 \rho(r) \tag{7.4}$$

となる．この2つの微分方程式は物質の状態方程式があたえられれば積分することができ，星の構造を求めることができる．しかし，太陽をはじめとする恒星では温度の分布を求めなければならないなど複雑であるので，温度がゼロ，もしくは温度の効果がきわめて小さな天体について考えよう．

「白色矮星」とよばれる天体は電子のフェルミ縮退圧で，また中性子星はおもに中性子のフェルミ縮退圧と核力による斥力で星を支えている天体で，温度の効果は小さい．このとき圧力は密度だけの関数となるので，状態方程式は

$$p = f(\rho) \tag{7.5}$$

となる．ランダウ(L. D. Landau)は，原子核燃焼を終えて灰だけとなった天体は重力によって強く収縮し中性子星になることを示した．物質密度が高くなるにつれ，原子核の周りをまわっていた電子は自由電子となり，さらに物質の密度が 10^9 g/cm^3 程度まで高くなると，電子のフェルミエネルギーは2〜3 MeV になる．高エネルギーの電子は原子核に捕獲され，原子核はしだいに中性子が過剰に存在する原子核となる．物質密度が原子核自身の密度（$\rho \sim 3 \times 10^{14}$ g/cm^3）を越えると，物質はほとんどが中性子からなる核子物質となるのである．このとき，物質の圧力は核子の物質の圧力によって決まることになる．ランダウは，太陽質量程度の星（$M \sim 2 \times 10^{33}$ g）が中性子星となったときの半径 R は

$$R = \left(\frac{3M}{4\pi\rho}\right)^{1/3} \approx 10 \text{ km} \tag{7.6}$$

程度と推定したのである．球対称真空解であるシュバルツシルト解(6.14)は，遠方ではニュートンの万有引力の法則と近似的に一致するが，中心からの距離が重力半径(6.15)に近づくと相対論的効果が著しくなってくる．そこで相対論的効果が効く目安として，重力半径と星の半径の比を計算すると，$r_g/R \approx 0.3$ となる．この比は確かに 1 より小さいが無視できない大きな量であり，中性子星の構造には相対論的効果が大きく効くことがわかる．

7-2　TOV 方程式と中性子星

重力平衡にある静的な球対称な星の構造を一般相対論的に調べよう．静的で球対称である時空の計算は，シュバルツシルト計量を導出したときと同様に，次のような形式に書かれるはずである．

$$ds^2 = -e^{\nu(r)}(cdt)^2 + e^{\lambda(r)}dr^2 + r^2(d\theta^2 + \sin^2\theta d\phi^2) \tag{7.7}$$

星の表面から外では，この解は当然，真空解であるシュバルツシルト解に一致しなければならない．そのような条件を満たす 2 つの未知関数 $\nu(r)$ と $\lambda(r)$ を求めよう．

　星を構成する物質は完全流体とすると，そのエネルギー運動量テンソルは

$$T^i{}_j = \begin{pmatrix} -\rho(r)c^2 & 0 & 0 & 0 \\ 0 & p(r) & 0 & 0 \\ 0 & 0 & p(r) & 0 \\ 0 & 0 & 0 & p(r) \end{pmatrix} \tag{7.8}$$

である．物質の圧力 p は，単純にエネルギー密度 ρ のみの関数として，状態方程式

$$p = f(\rho) \tag{7.9}$$

によって決まっているとしよう．これを場の方程式，$R^i{}_j - (1/2)Rg^i{}_j = (8\pi G/c^4)T^i{}_j$ に代入して，$\nu(r)$ と $\lambda(r)$ を求めよう．

　すでに各成分は(6.7)〜(6.9)で計算してあるので，容易に次の式が導かれる．(0,0) 成分は

$$e^{-\lambda}\left(\frac{1}{r^2}-\frac{\lambda'}{r}\right)-\frac{1}{r^2}=\frac{8\pi G}{c^4}\left(-\rho c^2\right) \tag{7.10}$$

(1, 1)成分は

$$e^{-\lambda}\left(\frac{\nu'}{r}+\frac{1}{r^2}\right)-\frac{1}{r^2}=\frac{8\pi G}{c^4}p \tag{7.11}$$

(2, 2)および(3, 3)成分は

$$\frac{1}{2}e^{-\lambda}\left(\nu''+\frac{\nu'^2}{2}+\frac{\nu'-\lambda'}{r}-\frac{\nu'\lambda'}{2}\right)=\frac{8\pi G}{c^4}p \tag{7.12}$$

他の成分はすべてゼロとなる.

　未知関数は $\nu(r)$, $\lambda(r)$, $p(r)$, $\rho(r)$ の4個, 方程式も(7.9)～(7.12)までの4式なので, 方程式系は閉じ, 解を求めることができる. さて計算の便宜上, 関数 $\lambda(r)$ のかわりに, 次のように定義された関数 $M(r)$ を用いよう.

$$e^{-\lambda(r)}\equiv 1-\frac{2GM(r)}{c^2r} \tag{7.13}$$

星の半径を R とすると, 表面より外では計量(7.7)はシュバルツシルト計量と一致しなければならないことから, $r\geq R$ では $M(r)$ は定数で星の質量に一致しなければならない. この質量を M_g とすると

$$M(r)=M_g \quad (r\geq R \text{ の範囲}) \tag{7.14}$$

でなければならない. このようにして定義した関数 $M(r)$ に対して, 実際(7.13)式を(7.10)式に代入し整理をおこなうと, 非相対論的な場合の質量の保存則(7.4)とまったく同様な式

$$\frac{dM(r)}{dr}=4\pi r^2\rho(r) \tag{7.15}$$

が得られる.

　それでは重力平衡の式に対応するものは, どのようになるのだろうか？重力平衡の式は圧力勾配 dp/dr が重力と釣りあうという式になっているが, (7.10)から(7.12)までの式には圧力の微分項はない. そこで, (7.11)式を r で微分し, 圧力勾配の項を作る. しかしそうすると, ν の2階微分 ν'' が現われる. これを(7.12)に代入することによって消去する. さらに, λ や ν の

微分を(7.10)式や(7.11)式を代入することによって，圧力 p や密度 ρ に置き換える．すると

$$\frac{dp}{dr} = -\frac{\rho c^2 + p}{2}\nu' \tag{7.16}$$

が得られる．さらに(7.11)式を代入することにより ν' を消去する．そしてその式に(7.13)を代入する．それを整理することにより

$$-\frac{dp}{dr} = \frac{G\{\rho + (p/c^2)\}\{M(r) + 4\pi r^3 (p/c^2)\}}{r^2\left\{1 - \dfrac{2GM(r)}{rc^2}\right\}} \tag{7.17}$$

が得られる．この一般相対論的な重力平衡の式を **TOV 方程式**(Tolman-Oppenheimer-Volkoff equation)という．これを非相対論的重力平衡の式(7.2)式と比較すると，その拡張になっていることが理解できる．まず重力は $1/r^2$ の代わりに

$$\frac{1}{r^2\left(1 - \dfrac{r_g(r)}{r}\right)}$$

となっている．ここで $r_g(r)$ は，半径 r までに存在している質量 $M(r)$ の重力半径，$2GM(r)/c^2$ である．半径 r がその半径までに含まれている質量の重力半径より常に十分大きい場合は，ニュートンの万有引力の法則と一致する．しかし，半径が重力半径に近づいてくると，この括弧の値はゼロに近づくので，この式は万有引力の法則より重力がはるかに強くなることを意味している．また分子のエネルギー密度 ρ が $\{\rho + (p/c^2)\}$ に置き換えられていること，また同様に半径 r までの質量 $M(r)$ が $\{M(r) + 4\pi r^3 (p/c^2)\}$ に置き換えられていることから，重力は圧力 p にも実効的に働くようになっていると解釈できる．

　このようにして非相対論的な場合と同様に，状態方程式さえ与えられれば，質量保存の式(7.15)と重力平衡の式(7.17)を連立させ，中心 $r=0$ から外に向かって積分し圧力がゼロとなったところで積分を終えることにより，星の構造は決定される．このようにして $M(r)$ や $\rho(r)$, $p(r)$ が定まると，計量

の成分も容易に求められる．$\lambda(r)$ は(7.13)より，また $\nu(r)$ は(7.16)式を表面から積分することによって求められる．(7.16)式は両辺とも r に関する微分となっているので，変形することにより

$$\frac{d\nu(r)}{dp} = -\frac{2}{\rho c^2 + p} \tag{7.18}$$

となる．これを積分すると

$$\nu(r) = -2\int dp/(\rho c^2 + p) + \text{積分定数} \tag{7.19}$$

となる．一方，表面，$r = R$ では，この解はシュバルツシルト解に一致しなければならないので

$$e^{\nu(R)} = 1 - \frac{2GM(R)}{c^2 R}$$
$$= 1 - \frac{2GM_\mathrm{g}}{c^2 R} \tag{7.20}$$

である．これより積分定数が定まり

$$e^{\nu(r)} = \left(1 - \frac{2GM_\mathrm{g}}{c^2 R}\right) \exp\left(-2\int_0^{p(r)} \frac{dp}{\rho c^2 + p}\right) \tag{7.21}$$

がえられる．このようにして，一般相対論的な星の構造およびその計量も決定されるのである．

さて最後に，星の質量について再考しておこう．これまでの式で現われている質量 M_g は，(7.14)で遠方でシュバルツシルト解の質量に一致するように定義したように，この星を遠方から重力の強さの度合いで測った質量である．一方，星の全質量は，エネルギー密度に微小体積要素をかけて星全体で積分することでも求めることができる．この質量を M_p とすると

$$M_\mathrm{p} \equiv \int \rho\sqrt{^{(3)}g}\,d^3x = \int \rho(r) \frac{r^2 \sin\theta d\theta d\phi dr}{\sqrt{1 - \dfrac{2GM(r)}{c^2 r}}}$$
$$= \int \rho(r) \frac{4\pi r^2}{\sqrt{1 - \dfrac{2GM(r)}{c^2 r}}}\,dr \tag{7.22}$$

と計算することができる。ここで $^{(3)}g$ は計量の空間成分 $g_{\mu\nu}{}^{(x)}$, $(\mu, \nu = 1, 2, 3)$ の行列式である。したがって $\sqrt{^{(3)}g}\,d^3x$ は 3 次元空間での不変体積要素である。この質量 M_p は M_g より大きく、2 つの質量は一致しない。

M_p はその定義から明らかに星の中に詰められている固有の全エネルギーであり、M_g と区別するために**固有質量**とよばれている。一方、M_g は外から測った重力の強さから定義される質量であるので、**重力質量**とよばれている。2 つの質量の差

$$\Delta = (M_p - M_g)c^2 \tag{7.23}$$

は、したがって、星の重力による結合エネルギーである。陽子や中性子が結合して原子核が作られるとき、作られた原子核の質量は、その素材となった陽子と中性子の総質量より結合エネルギー分だけ小さい。そのエネルギーは核エネルギーとして放出されたからである。星の場合も重力で収縮し安定な構造になるまでに放出したエネルギー分だけ質量が小さくなっているが、Δ はこの放出されたエネルギーである。中性子星の典型的な重力質量は $1.4M_\odot$ 程度で、そのような中性子星の固有質量は $1.6M_\odot$ 程度である。

中性子星の内部の構造やその固有質量、重力質量を知るためには、原子核より 10 倍も密度の高い物質の状態方程式が必要である。しかし、このような高密度物質の状態方程式を実験的に知るすべは現在存在しない。理論的な計算によって状態方程式は計算されているが、しかし確立した計算法はなく、理論によって結果は異なっている。図 7-2 に、いくらかの理論計算で得られた状態方程式を用いて計算した中性子星の質量を、中心の密度の関数として示す。

重要なことは、中心の密度を高くし圧力を高くしても、安定な星として支えることのできる質量ははじめは増加するが、結局、減少することである。つまり、中性子星には質量の上限があり、それ以上質量の大きい天体が収縮すると、いくら中心の圧力を高くしてもその収縮を止めることができないのである。この中性子星の最大質量を**限界質量**とよぶ。限界質量は状態方程式によって異なるが、$1.5M_\odot$ から $2.5M_\odot$ の範囲にあると考えられている。したがって、これより質量の大きい天体が収縮すると、そのまま収縮を続け、

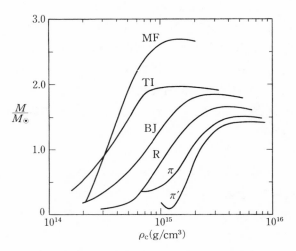

図7-2 中性子星の質量 M と中心密度 ρ_c の関係. 中性子星を構成する物質の圧力は計算法や研究者によって異なる. 図中の MF, TI などの記号は計算法などを示している.

ブラックホールになる. ブラックホールの厳密な定義は後の節で示すが, 一言でいえば, 星の大きさが重力半径より小さくなってしまった結果, さらに強くなった重力で一点にまで収縮してしまった物質の時空構造である.

Coffee Break

超新星爆発とニュートリノ天文学

中性子星は, 質量が太陽の質量の 10 倍以上の恒星がその進化の最後におこす大爆発, 超新星爆発によって形成されると考えられている. 実際, 超新星の残骸であるかに星雲の中心に, 中性子星だと考えられる天体が発見されている. このような大質量の星では, 核融合反応の最終的な燃えかすである鉄のコアが中心に形成され, そのほとんどが重力によって

強く収縮し，中性子星になると考えられている．このときに解放される
結合エネルギーによって，外側は宇宙空間に飛び散る．これが超新星爆
発である．

　1987 年 2 月に私たちの銀河系の周りをまわっている伴星雲である大
マゼラン星雲に超新星が現われた．このとき，この超新星から放出され
たニュートリノ粒子が，岐阜県神岡鉱山内に設置されたカミオカンデ検
出器によって観測された．大マゼラン雲までの距離はおよそ 15 万光年
である．したがって，このニュートリノは 15 万年の旅を終えて地球に
降りそそいだのである．大マゼラン雲は南天にあるので，日本にある光
学望遠鏡では観測できない．しかし，ニュートリノは極めて透過性のよ
い粒子であり，地球をもすり抜けることができる．神岡鉱山で検出され

スーパーカミオカンデの内部．直径 40 m，高さ 58 m の空洞の
内面には光電子増倍管が 11200 本とりつけられている．この中
に 32000 トンの純水をためる．（東京大学宇宙線研究所提供）

たニュートリノは，まずボルネオ島近傍に降りそそぎ，地球の内部を通って神岡に達したのである．大マゼラン星雲超新星からのニュートリノは，アメリカの IMB(3 つの研究機関の連合チームで IMB はその頭文字)グループによっても検出されている．

この観測されたニュートリノの強さから重力によって解放されたエネルギーを計算すると，太陽質量の 0.2 倍程度の質量がエネルギーに換わった程度のものであることがわかった．この観測によって，超新星爆発によって中性子星が形成されるという星の進化の理論は強く支持されることとなった．

しかし，カミオカンデによって検出されたニュートリノの数は 11 個，IMB によるものはわずかに 8 個である．このデータから爆発の機構を調べることは不可能である．現在，この装置を大きくしたスーパーカミオカンデが稼働している．さらに大きなハイパーカミオカンデの建設が進んでいる．もしわれわれの銀河系の中心で超新星爆発が起こったとすれば，スーパーカミオカンデでは数千発のニュートリノが，またハイパーカミオカンデでは数万発のニュートリノが検出されるに違いない．新たなニュートリノ天文学が始まろうとしているのである．

7-3 シュバルツシルト・ブラックホール

ブラックホールの時空をはじめとする時空の大局的な構造を調べるときの便宜上，ペンローズ図(Penrose diagram)について学んでおこう．

もっとも簡単なミンコフスキー時空を球座標で表わすと，計量は

$$ds^2 = -c^2dt^2 + dr^2 + r^2(d\theta^2 + \sin^2\theta d\phi^2) \tag{7.24}$$

である．時空の重要な性質を調べるときとくに重要となるのは，その時空の無限遠方での振る舞いである．無限遠方といっても，5 つの場合がある．

I$^+$：未来方向の時間的曲線が到達する無限遠方

（r を有限に保ちつつ $t \to \infty$）

I⁻: 過去方向の時間的曲線が到達する無限遠方

$$(r\text{ を有限に保ちつつ }t\to-\infty)$$

I⁰: 空間的無限遠方(t を有限に保ちつつ $r\to\infty$)

$\mathscr{I}^+$: 外向きの光の測地線が到達する無限遠方

$$(ct-r\text{ を有限に保ちつつ }ct+r\to\infty)$$

$\mathscr{I}^-$: 内向きの光の測地線の出発点となる無限遠方

$$(ct+r\text{ を有限に保ちつつ }ct-r\to-\infty)$$

ここで時間的曲線とは，その接線が常に時間的（$ds^2<0$）である世界線である．しかし，上のような単純な座標系で図7-3のような r-t 図を描いたとき，これらの無限遠方は有限の紙の上では書き表わすことはできない．

そこで，無限遠方も有限の紙の上に表現でき，かつ因果関係も明確にわかるような描き方を考えよう．次のような座標変換を行なう．

$$ct+r=\tan\frac{1}{2}(\phi+\xi) \tag{7.25}$$

$$ct-r=\tan\frac{1}{2}(\phi-\xi) \tag{7.26}$$

このような変換を行なうと，計量は

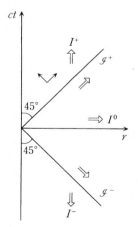

図7-3　5つの無限遠方
（r-t 図）

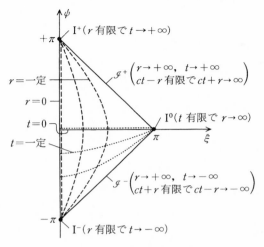

図7-4　4つの無限遠方（ξ-ψ図）

$$ds^2 = \frac{-d\psi^2 + d\xi^2}{4\cos^2\frac{1}{2}(\psi+\xi)\cos^2\frac{1}{2}(\psi-\xi)} + r^2(d\theta^2 + \sin^2\theta d\phi^2) \quad (7.27)$$

と変換される．この新しい半径ξと時間ψを用いてξ-ψ図を描くと，図7-4となる．この図の上では4つの無限遠方は，図に示したような点や線分として図中に表わされるのである．このような変換を行なったにもかかわらず，光円錐面はこの図でも時間軸ψから±45度となっている．したがって，45度以内が時間的，その外が空間的であることに変わりはない．

さて，これまでは，シュバルツシルト時空において，重力半径の外側のみを考えてきた．それは計量の$(0,0)$成分g_{00}が重力半径内では符号が正となり，外では正であるg_{11}成分が負となってしまうため，内側では座標r軸が時間的，t軸が空間的になってしまい，内外ともに統一的に取り扱うことが困難であったからである．すでに述べたように，重力半径の位置で計量(6.14)は発散するが，しかし時空の固有の幾何学的・物理学的性質を表わす曲率テンソルは発散しているわけではない．したがって，これは時空を記述す

る座標系が不適当だったのである．t-r の座標は，時空の遠方での性質を調べるには漸近的に平坦なミンコフスキー時空に近づくことが自然に記述でき，便利な座標系であった．しかし，重力半径の位置やその内部の時空を記述するには，好ましい座標系ではない．

内外の時空の性質を統一的に調べるには，外で時間的である座標は一貫して内側でも時間的であるような座標系を採る必要がある．そこで次のような座標変換を行なう．

$$\left(\frac{r}{r_g}-1\right)\exp\left(\frac{r}{r_g}\right) = u^2-v^2 \tag{7.28}$$

$$\tanh\left(\frac{ct}{2r_g}\right) = \begin{cases} \dfrac{v}{u} & (r \geqq r_g \text{ の場合}) \\[2mm] \dfrac{u}{v} & (r < r_g \text{ の場合}) \end{cases} \tag{7.29}$$

この座標系ではシュバルツシルト時空の計量は

$$ds^2 = f^2(-dv^2+du^2)+r^2(d\theta^2+\sin^2\theta d^2\phi) \tag{7.30}$$

ただし

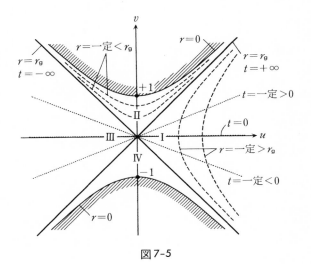

図7-5

$$f^2 = \frac{4r_g{}^3}{r} \exp\left(-\frac{r}{r_g}\right) \tag{7.31}$$

となる．この新しい座標系では，計量(7.30)から明らかなように，座標 v は常に時間的であり，また u は空間的である．この座標系を**クルスカールの座標系**(Kruskal coordinates)という．図7-5に示されているように，原点を通る ± 45 度の直線をもちいて u–v 平面図を4つの領域，I, II, III, IV に分けることにしよう．u–v 平面上に変換前の t や r が一定である曲線を書き込んでみよう．$t=$ 一定 の曲線は

		領域 I, III	領域 II, IV
$t = -\infty$	$\longrightarrow$	$v = -u$	$v = -u$
$t = -\alpha$	$\longrightarrow$	$v = \tanh\left(\dfrac{-c\alpha}{2r_g}\right)u$	$v = \dfrac{1}{\tanh\left(\dfrac{-c\alpha}{2r_g}\right)}u$
$t = 0$	$\longrightarrow$	$v = 0$	$u = 0$
$t = \alpha$	$\longrightarrow$	$v = \tanh\left(\dfrac{c\alpha}{2r_g}\right)u$	$v = \dfrac{1}{\tanh\left(\dfrac{c\alpha}{2r_g}\right)}u$
$t = \infty$	$\longrightarrow$	$v = u$	$v = u$

$r =$ 一定 の曲線は

$r = 0$	$\longrightarrow$	$v = \sqrt{1+u^2}$ （領域 II）
		$v = -\sqrt{1+u^2}$ （領域 IV）
$r = \beta$	$\longrightarrow$	$v = B\sqrt{1+(u/B)^2}$ （領域 II）
		$v = -B\sqrt{1+(u/B)^2}$ （領域 IV）
		ただし $B \equiv \left(1-\dfrac{\beta}{r_g}\right)^{1/2} \exp\left(\dfrac{\beta}{2r_g}\right)$
$r = r_g$	$\longrightarrow$	$v = \pm u$ （領域の境界）
$r = \beta$	$\longrightarrow$	$u = B\sqrt{1+(v/B)^2}$ （領域 I）
		$u = -B\sqrt{1+(v/B)^2}$ （領域 III）

$$\text{ただし}\quad B \equiv \left(\frac{\beta}{r_{\mathrm{g}}}-1\right)^{1/2} \exp\left(\frac{\beta}{2r_{\mathrm{g}}}\right)$$

$$r = \infty \quad \longrightarrow \quad u = +\infty \quad \text{(領域 I)}$$
$$u = -\infty \quad \text{(領域 III)}$$

のように射影されている.

座標変換(7.28), (7.29)の逆変換は, 領域ごとに次のようになる.

領域 I

$$u = \left(\frac{r}{r_{\mathrm{g}}}-1\right)^{1/2} \exp\left(\frac{r}{2r_{\mathrm{g}}}\right) \cosh\left(\frac{ct}{2r_{\mathrm{g}}}\right) \tag{7.32}$$

$$v = \left(\frac{r}{r_{\mathrm{g}}}-1\right)^{1/2} \exp\left(\frac{r}{2r_{\mathrm{g}}}\right) \sinh\left(\frac{ct}{2r_{\mathrm{g}}}\right) \tag{7.33}$$

領域 II

$$u = \left(1-\frac{r}{r_{\mathrm{g}}}\right)^{1/2} \exp\left(\frac{r}{2r_{\mathrm{g}}}\right) \sinh\left(\frac{ct}{2r_{\mathrm{g}}}\right) \tag{7.34}$$

$$v = \left(1-\frac{r}{r_{\mathrm{g}}}\right)^{1/2} \exp\left(\frac{r}{2r_{\mathrm{g}}}\right) \cosh\left(\frac{ct}{2r_{\mathrm{g}}}\right) \tag{7.35}$$

領域 III

$$u = -\left(\frac{r}{r_{\mathrm{g}}}-1\right)^{1/2} \exp\left(\frac{r}{2r_{\mathrm{g}}}\right) \cosh\left(\frac{ct}{2r_{\mathrm{g}}}\right) \tag{7.36}$$

$$v = -\left(\frac{r}{r_{\mathrm{g}}}-1\right)^{1/2} \exp\left(\frac{r}{2r_{\mathrm{g}}}\right) \sinh\left(\frac{ct}{2r_{\mathrm{g}}}\right) \tag{7.37}$$

領域 IV

$$u = -\left(1-\frac{r}{r_{\mathrm{g}}}\right)^{1/2} \exp\left(\frac{r}{2r_{\mathrm{g}}}\right) \sinh\left(\frac{ct}{2r_{\mathrm{g}}}\right) \tag{7.38}$$

$$v = -\left(1-\frac{r}{r_{\mathrm{g}}}\right)^{1/2} \exp\left(\frac{r}{2r_{\mathrm{g}}}\right) \cosh\left(\frac{ct}{2r_{\mathrm{g}}}\right) \tag{7.39}$$

さて, このようにもともとの座標系では1つの世界点であったものが, ク
ルスカル座標系では2つの世界点に写像されている. 元の座標系で重力半
径の外の領域はクルスカル座標系では領域 I と III に2価に写像され, ま

た重力半径内の領域はクルスカール座標系では領域 II と IV に 2 価に写像
されている．実際この場合も，領域 I と II さえあれば，$r=0$ から $r=r_g$ ま
での重力半径内の空間も，またその外の無限遠方までをも記述することはで
きる．また時間も $t=-\infty$ から $+\infty$ までこの 2 つの領域だけで記述されて
いる．したがって，この領域 I と II を用いて，まず前の章では十分調べる
ことのできなかった粒子の落下や光の伝播を調べよう．クルスカール座標系
は計量の成分 g_{00} が常に負でありまた g_{11} の符号も常に正であるように作り
上げた座標系であり，重力半径内での運動や外からの落下を統一的に扱うこ
とができる．

　クルスカール座標系でも，計量(7.30)から明らかなように，g_{00} と g_{11} の比
は -1 であるので，光円錐は ± 45 度の方向である．図 7-6 において，軌跡
A は，十分遠方から落下する粒子の軌跡である．また軌跡 B は，同じく遠
方から中心に向かう光線の軌跡である．いずれも領域 I から何の障害もなく
重力半径を越えて領域 II へと入る．いったん領域 II へ入ると，粒子も光も
領域 II の外に再び出ることはできない．領域 II の境界は $v=\pm u$ であり，
領域内から出発する光円錐はこの領域外に出ることはないからである．した
がって，これらの軌跡は必ず $r=0$ の特異点に到達して終わらなければなら

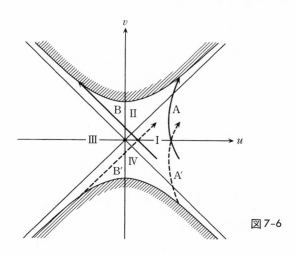

図7-6

ない．落下しているこの粒子から外向きに光で信号を出し続けていたとして
も領域 I 内にある時はその信号は無限遠方まで到達できるが，いったん領域
II 内に入ってしまうと，その外向きに放出された光も結局 $r=0$ の特異点に
到ることになる．前の章では重力半径より外，$r>r_g$ での運動を調べること
で，重力半径を越えて落下するならばもはや光といえども脱出不可能であろ
うと推測することはできたが，はっきり示すことはできなかった．クルスカ
ール座標系を用いると，このように重力半径が因果の一方通行面になってい
ることが厳密に理解できる．

　しかし，因果の一方通行面があらわれることは，一見すると 1 つの矛盾が
生じるように思われる．重力場の方程式や重力場での粒子の運動方程式をは
じめとして，一般相対論は時間反転に対して不変である．つまり，1 つの解
が得られたとき，その解の時間方向を反転させた，つまり t を $-t$ に置き換
えたものも解である．粒子の運動を映画にとったとき，それを逆回ししたと
きに見られる運動は現実の運動として存在しなければならない．平坦なミン
コフスキー時空では，遠方から原点に近づく粒子の運動の解の時間反転した
ものは，言うまでもなく，逆に原点から遠ざかる解で，いずれの運動の軌跡
も r-t 面内に書き示すことができる．

　それでは，軌跡 A や B の時間反転した解はこの図の中に書き込むことが
できるであろうか？　領域 I と II の中にこの時間反転解を書き込むことは，
領域 II から出発して無限遠方に達する運動が存在しないのであるから不可
能である．この矛盾は，領域 I や II とは別の時間反転解が記述される領域
が存在しているはずだということを示唆している．つまり，シュバルツシル
ト時空は領域 I と II のみで完全に記述されているのではなく，領域 III や
IV を加えてはじめて完全になるのである．それは領域 IV の性質を見れば
すぐ理解できる．領域 IV から出発する光円錐は不可避的に $r=0$ の特異点
に達することはできない．必ず重力半径を越えてこの領域から外にでなけれ
ばならない．この性質は領域 II の性質を時間反転させたものである．軌跡
A や B を時間反転した軌跡 A′ や B′ を図 7-6 に示す．領域 III は領域 I とま
ったく同格の領域である．

このようにクルスカール座標系では元々の世界点が一見2重に表現されたように見えたが，そうではなく，この座標系で表現された時空が完全なシュバルツシルト時空であり，元の座標系で表現されていたものはその半分にすぎなかったのである．

さてそれではシュバルツシルト時空の性質をより詳しく示し，厳密なブラックホールの定義を行なうために，さらに簡単な座標変換

$$v + u = \tan\frac{1}{2}(\psi + \xi) \tag{7.40}$$

$$v - u = \tan\frac{1}{2}(\psi - \xi) \tag{7.41}$$

を行ない，シュバルツシルト時空のペンローズ図（図7-7）を描こう．自明であるが，各領域の性質を再度まとめておく．

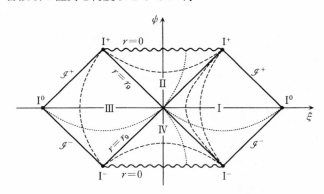

図7-7 シュバルツシルト時空のペンローズ図

領域 I および III：領域内の任意の時空点より無限遠方 $\mathscr{I}^+$ および $r=0$ への因果的曲線を伸ばすことができる．因果的曲線とは各点でその接線が時間的（$ds^2 < 0$）である曲線である．

領域 II：領域内のいかなる時空点から出発しても，因果的曲線は $r=0$ で終わり，領域外には達しない．

領域 IV：領域内のいかなる時空点から出発しても，因果的曲線は $r \geq r_g$ に達し，領域内で終わることはない．

　また領域の境界面はすべて一方通行面でありI→II，III→II，IV→I，IV→IIIの方向にのみ因果の曲線は伸ばすことができる．

　次に時空の性質を特徴づける重要な概念である事象の地平面（または地平線ともいう）の定義を示そう．物質が全時空でまったく存在しない場合の時空はミンコフスキー時空であるが，物質の存在によって時空構造が変形されたとき，これを十分遠方から観測したときの性質がまず重要である．そこで無限遠方が含まれる領域から時空構造を見ることにしよう．シュバルツシルト時空では領域IとIIIが無限遠方を含む領域で，両者は同格であるが，慣例にしたがって領域Iに観測者がいるとして話を進めよう．事象の地平面には2つの種類がある．

　未来の事象の地平面（future event horizon）：未来的無限遠方$\mathscr{I}^+$の因果的過去とそうでない領域の境界．因果的過去とは，次のように定義される．ある時空点Pから因果的曲線を伸ばしたとき，それが$\mathscr{I}^+$に到達したとする．$\mathscr{I}^+$の因果的過去とは，このような時空点Pの集合である．言い換えれば，領域Iの観測者が無限の時間を使って観測できる領域とそうでない領域との境界である．シュバルツシルト時空では前者（観測可能領域）は領域I自身と領域IV，後者（観測不可能な領域）が領域IIとIIIである．したがって，ペンローズ図でいえば，地平面は$\psi=\xi$の線である．通常単に「事象の地平面」というときは，この未来の事象の地平面のことである．

　過去の事象の地平面（past event horizon）：過去的無限遠方$\mathscr{I}^-$の因果的未来，つまり$\mathscr{I}^-$から因果的曲線を伸ばしたとき，それが到達可能な時空点の領域と，そうでない領域の境界．言い換えれば，領域Iの観測者が無限の時間をかけて因果的影響を及ぼすことのできる領域とそうでない領域との境界である．シュバルツシルト時空では，前者は領域I自身と領域II，後者が領域IIIとIVである．したがって，ペンローズ図でいえば，地平面は$\psi=-\xi$の線である．

　この地平面をもちいてブラックホールを厳密に定義することができる．未

来の事象の地平面が存在し，それが閉じた曲面であるとき，その内部を**ブラックホール**という．わかりやすく言い換えれば，外側から因果的曲線は入ってくるが，内側より未来的無限遠方 $\mathscr{I}^+$ へ因果的曲線を伸ばすことのできない空間的に閉じた領域をブラックホールというのである．したがってシュバルツシルト時空では，領域 II がブラックホールである．物質が希薄に広がったほぼ平坦な時空で，物質が重力半径より小さく凝集してブラックホールになる場合，これを記述するには領域 I と II で十分である．

　ブラックホールを時間反転したものとして**ホワイトホール**(white holes) がある．ホワイトホールは次のように定義される．過去の事象の地平面が存在し，それが閉じた曲面であるときその内部をホワイトホールという．わかりやすく言い換えれば，因果的曲線が外から入ってくることはないが内側より未来的無限遠方 $\mathscr{I}^+$ へ因果的曲線を伸ばすことのできる空間的に閉じた領域をホワイトホールというのである．したがって，シュバルツシルト時空では，領域 IV がホワイトホールである．

　次の章で示すように，われわれの住んでいるこの宇宙の時空は，100 億光年を越えるような全体的スケールではロバートソン・ウォーカ計量［次章(8.11)式参照］で記述されるものである．しかし，100 万光年に満たないような局所的な領域では，近似的にミンコフスキー的な時空と考えてよい．ブラックホールと考えられている天体も存在しているし，われわれ自身が物質を収縮させてブラックホールを作ることも原理的には可能である．またその質量を増大させるなどの影響を及ぼすこともできる．しかし現在，ホワイトホールと考えられる天体は宇宙には存在しない．またその定義から，われわれがそれを作ることも，またホワイトホールが存在するとしてもその質量を変えるとかの影響を及ぼすことはできない．ホワイトホールが存在するとするならば，それは宇宙のはじめから存在するものであろう．

　クルスカル座標を用いることで明らかになったもう 1 つの興味深い時空構造は**ワームホール**(worm holes) である．ペンローズ図で，時刻一定の超曲面 ($\psi = \psi_0 > 0$) の空間的構造を調べてみよう．この超曲面は領域 I, II, III

を水平に横切る．領域 I の $\mathscr{I}^+$ から始まり事象の地平面を通過し領域 II に入り，再び地平面を越えて領域 III に入り，$\mathscr{I}^+$ で終わる．この経路にしたがって半径がどのように変化するかを示したのが図 7-8 である．この図のように 2 つの漸近的に平坦な空間を狭い喉(throat)で結んだ構造の時空を**ワームホール時空**とよぶ．ここでは単純に $\phi=$一定 という輪切り (time slicing) をして構造を調べたが，この超曲面が空間的であれば，どのように輪切りをして構造を調べてもよい．われわれの住んでいる領域を I としたとき，このような構造で別の領域 III とつながっているとしよう．領域 I, III のどちらからみても，この喉の部分はブラックホールとして観測される．領域 I から III へ向かおうとして領域 II に入っても，領域 II からの因果的曲線は III には伸びないのであるから，III に達することはできず，特異点 $r=0$ で旅行は終わる．ただ領域 III から II に入ってきた人と領域 II で遭遇し領域 III の存在を確認することはできるが，それを領域 I や III に伝えることはできない．

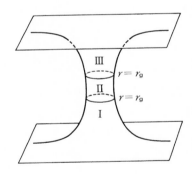

図 7-8　ワームホール時空

7-4　カー・ブラックホール

シュバルツシルト計量は最も簡単なブラックホール時空であり，それを特徴づける物理量は 1 つで質量 M である．これに電荷 Q，角運動量 J の属性をもたせることで，多様なブラックホールの解をつくることができる．M と Q をもつブラックホールは**ライスナー-ノルトシュトレーム計量** (Reissner-Nordstrøm metric)，M と J をもつものは**カー計量**(Kerr metric)，M, J, Q すべてをもつものは**カー-ニューマン計量**(Kerr-Newmann metric)により記述される．実際の宇宙で電荷 Q が時空の構造に影響を及ぼすほど大きなブラックホールが形成される可能性はない．平均的には物質は電気的に中性であり，たとえ電荷が分離して帯電することがあっても，その天体の電荷が大きくなると周りの反対の符号の電荷をもった粒子を強い電気力によって引き込み中性化に向かう．さらに，$Q=0$ で定常なブラックホールはカー・ブラックホールのみであることも証明されている．

カー計量

カー計量は質量 M と角運動量 J の属性をもつ軸対称時空の計量である．

$$ds^2 = -\left(1-\frac{r_\mathrm{g}r}{\Sigma}\right)c^2dt^2 - \frac{2car_\mathrm{g}r\sin^2\theta}{\Sigma}dtd\phi + \frac{\Sigma}{\Delta}dr^2$$

$$+\Sigma d\theta^2 + \left(r^2+a^2+\frac{r_\mathrm{g}ra^2\sin^2\theta}{\Sigma}\right)\sin^2\theta d\phi^2 \tag{7.42}$$

ここで

$$r_\mathrm{g} = \frac{2GM}{c^2}, \quad a = \frac{J}{cM} \tag{7.43}$$

$$\Sigma = r^2 + a^2\cos^2\theta, \quad \Delta = r^2 - r_\mathrm{g}r + a^2 \tag{7.44}$$

である．いうまでもなく，この計量は $J=0$ の極限でシュバルツシルト計量に帰す．シュバルツシルト時空と同様に，赤道面上 $(\cos\theta=0)$ で $r=0$ の曲率等を計算してみると発散していることからわかるように，$r=0$ は特異点である．事象の地平面は $g_{rr}=\infty$（つまり $\Delta=0$）の半径，

$$r^+ = \frac{r_\mathrm{g}}{2} + \left\{\left(\frac{r_\mathrm{g}}{2}\right)^2 - a^2\right\}^{1/2} \tag{7.45}$$

にあらわれる．$\Delta=0$ のもう 1 つの解

$$r^- = \frac{r_\mathrm{g}}{2} - \left\{\left(\frac{r_\mathrm{g}}{2}\right)^2 - a^2\right\}^{1/2} \tag{7.46}$$

も第 2 の地平面となり，カー時空には 2 つの事象の地平線が存在する．しかし，複雑な議論が必要であるので，この本では最初の地平面の外，$r>r^+$ のみに議論を限ることにする（興味ある読者は巻末の「さらに勉強するため

に」で紹介している（文献[12]を見よ）．

　さて(7.44)式から明らかなように，$a > r_g/2$ となるほど角運動量が大きい場合，事象の地平面は存在しない（$\varDelta > 0$）．したがってこの場合，遠方から $r = 0$ の特異点が直接観測できることになる．このように直接遠方から観測できる特異点を**裸の特異点**(naked singularity)という．この場合の計量は，事象の地平面が存在しないのであるから，ブラックホール解ではない．裸の特異点の存在はいろいろと困ったことを引き起こす．まず特異点からの未来方向への因果的曲線が伸びてくることのできる領域では，特異点からの情報が不定であるため，そこでの物理状態を決定することができない．このような裸の特異点が重力場の方程式の解として存在するとしても，現実の宇宙では存在してほしくない．特異点があるとしても，それは事象の地平面におおわれて外界に因果関係を及ぼさないようになっていてほしいのである．

　ペンローズ(R. Penrose)は「宇宙で実際に作られる特異点は必ず事象の地平面によって隠される」という**宇宙検閲官仮説**(cosmic censorship)を提唱している．たしかに $a > r_g/2$ となるような極めて大きな角運動量を天体がもっていたとき，そのままでは強い遠心力のため重力半径 r_g より小さく収縮させるのは困難であろう．(7.43)の a の定義から，$a = r_g/2$ の最大角運動量をもったブラックホール（最大自転ブラックホール）の角運動量は，地平面の半径で質量 M の物体を光速で回転させた場合の角運動量である．実際，これまでなされた多くの天体の自転重力崩壊の計算機実験では，カー・ブラックホールが作られ，余分な角運動量は外に大きな角運動量をもった物質として取り残される．しかし一方，重力崩壊する物質の空間的分布を特殊な分布にしたとき特異点が形成されたという計算機実験もある．したがって，この仮説について確定的な結論をだすことはできない．

　カー時空の興味深い点は，「定常性限界面」とよばれる面が事象の地平面の外に存在していることである．この面の内側ではブラックホールの自転によって時空が強く引きずられてしまうため，粒子は静止することができず回転してしまうのである．

$r=$一定, $\theta=$一定 で $\Omega=d\phi/dt$ で事象の地平面の外を回転している粒子を考えよう. この粒子の固有時間 $d\tau$ は計量(7.42)において $dr=0$, $d\theta=0$, $d\phi=\Omega dt$ とすることによって

$$c^2 d\tau^2 = -ds^2 = dt^2 f(\Omega) \tag{7.47}$$

$$f(\Omega) \equiv \left\{ \left(1-\frac{r_\mathrm{g}r}{\Sigma}\right)c^2 + \frac{2car_\mathrm{g}r\sin^2\theta}{\Sigma}\Omega \right.$$
$$\left. -\left(r^2+a^2+\frac{r_\mathrm{g}ra^2\sin^2\theta}{\Sigma}\right)\sin^2\theta\,\Omega^2 \right\} \tag{7.48}$$

$d\tau^2$ も dt^2 もともに正の数であるので, $f(\Omega)$ もまた正でなければならない. $f(\Omega)$ は Ω に関する2次関数である. Ω^2 の係数が負であるので, Ω の値は $f(\Omega)=0$ の2つの解, Ω^- と Ω^+, の間に存在しなければならない ($\Omega^- \leqq \Omega \leqq \Omega^+$). この最小角速度 Ω^- および最大角速度 Ω^+ は, 角運動量パラメータ a の関数である. ニュートン力学では, 中心天体の角運動量と同じ方向に運動しようと反対にまわろうと影響を受けないので, $\Omega^+=-\Omega^-$ である. しかしこの式から明らかなように, 角運動量が大きく, 2次方程式 $f(\Omega)=0$ の定数項である $1-r_\mathrm{g}r/\Sigma$ が負の場合 Ω^- もまたその符号が正になってしまう. この場合, $\Omega=0$ とすると, 当然 $f(\Omega)$ は負となってしまう. あたえられた a に対してこのような静的条件が満たされない限界の動径の大きさは

$$\Sigma - r_\mathrm{g}r = r^2 - r_\mathrm{g}r + a^2\cos^2\theta = 0 \tag{7.49}$$

より

$$r_0 = \frac{r_\mathrm{g}}{2} + \left\{ \left(\frac{r_\mathrm{g}}{2}\right)^2 - a^2\cos^2\theta \right\}^{1/2} \tag{7.50}$$

となる. この $r=r_0$ の表面を**定常性限界面**という.

カー・ブラックホールを自転軸の上方から見たものを図7-9(a)に, 赤道方向から見たものを図7-9(b)に示す. 定常性限界面と事象の地平面の間の領域は**エルゴ領域**(ergo region)とよばれている. この領域からはエネルギーを取り出すことができる. 粒子Aをエルゴ領域に落下させ, 事象の地平面近くで2つの粒子 B_1 と B_2 に光速に近い速度で分裂させる. B_1 は自転方向に B_2 は反対方向に分裂したとき, B_1 は外に飛び出し, B_2 は地平面内に

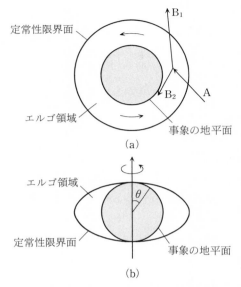

図7-9　カー・ブラックホールを自転軸の上方から(a)と
赤道方向から(b)見る

落下したとする．うまく状況を設定すると，最初の入射粒子のエネルギー
E_A より飛び出してきた粒子 B_1 のエネルギー E_{B_1} が大きくなるのである．
これは B_2 粒子のエネルギーが負となり落下したためである．結果的に反対
方向の角運動量と負のエネルギーを吸収したブラックホールは，その「自転
エネルギー」を失い，その分だけ B_1 がエネルギーと角運動量を持ち去った
ことになる．同じように電磁波や重力波をカー・ブラックホールで散乱させ
ると，散乱され外にでてきた波のエネルギーの方が入射エネルギーより大き
くなる．このような現象を**超放射散乱**(superradiant scattering)という．原
理は上の粒子によるエネルギーの取り出しと同じである．

7-5　ブラックホールの熱力学

ホーキング(S. Hawking)はブラックホールの事象の地平面の面積は単調に

増大するのみであるという**ブラックホールの面積定理**を証明した(1973)．カー・ブラックホールの事象の地平面の面積 A は簡単な計算から

$$A = 2\pi r_{\mathrm{g}}^2 \left\{ 1 + \left(1 - \left(\frac{2a}{r_{\mathrm{g}}} \right)^2 \right)^{1/2} \right\} \tag{7.51}$$

と求めることができる(演習問題2)．角運動量ゼロの場合，つまりシュバルツシルト・ブラックホールの場合，表面積は $A = 4\pi r_{\mathrm{g}}^2$ である．

面積定理の証明はこの本の程度を越えるので示さないが，これを応用することで興味深い結果が導かれる．ベッケンシュタイン(J. Bekenstein)は熱力学でのエントロピー増大の法則との類似から，ブラックホールもエントロピー S_{BH} をもち，その値はブラックホールの表面積 A に比例するのではないかと考えた．

$$S_{\mathrm{BH}} = f \cdot A \tag{7.52}$$

ここで f は未知の比例係数である．ブラックホールは単純な系であり，熱力学が適用されるような多自由度の系でもないのにエントロピーをもつというのは奇妙に思えるかもしれない．しかし，1つの箱のなかに1個のブラックホールと光の黒体輻射を閉じ込めた系を考えてみよう．輻射はしだいにブラックホールに吸収されてなくなってしまう．はじめに輻射がもっていたエントロピーは消えてしまい，系のエントロピーは減少したことになってしまう．しかし，表面積に適当な定数をかけた量をエントロピーと定義しておくと，輻射の吸収によって質量が増加し表面積が増大するので，結果としては，合計したエントロピーは増大したことになるのである．

この結果はたいへん自然であるが，次のような疑問も生じる．ブラックホールをこのように熱力学系とみなすならば，当然，温度や内部エネルギー等の他の熱力学量が定義されなければならない．さもなければ，物質，輻射との共存系の熱力学が定まらない．もしブラックホールが温度をもつならば，周りの物質よりその温度が高いとき，ブラックホールから物質へのエネルギーやエントロピーの移動が起こって当然である．しかしこれは，事象の地平面で囲まれたものがブラックホールであるという定義にも，また面積増大の定理にも反する．にもかかわらずホーキングは，ブラックホール近傍を量子

論的に考察することにより，実際ブラックホールは温度をもち，周りの空間
にその温度の黒体輻射をすることを示したのである．事象の地平面が一方通
行の面であるのは，また面積増大定理が成立するのは古典論の範囲のみであ
って，量子論的効果により黒体輻射をするのである．これを**ブラックホール
の蒸発**という．

ホーキングはシュバルツシルト・ブラックホールの温度 T_{SB} は

$$kT_{SB} = \frac{\hbar c}{4\pi r_g}$$
$$= \frac{\hbar c^3}{8\pi GM} \tag{7.53}$$

であることを示した．k はボルツマン定数である．ブラックホールの内部エ
ネルギーはその質量，$U=Mc^2$ であるので，$dU=T_{SB}dS$ という熱力学第1
法則は(7.52)，(7.53)を代入することにより

$$d(Mc^2) = \frac{\hbar c^3}{8\pi GMk} d(f \cdot 4\pi r_g{}^2) \tag{7.54}$$

となる．これより比例係数 f は定まり，ブラックホールのエントロピーは

$$S_{BH} = \frac{kc^3}{4G\hbar} A \tag{7.55}$$

となる．このようにして，ブラックホールは周りの空間に黒体放射を放出し，
そのエネルギーを失い，最後には蒸発して消失してしまう．

カー・ブラックホールの場合，質量 M に加えて，角運動量 J が加わるの
で，熱力学式は

$$d(Mc^2) = T_{CB}dS_{BH} + \Omega dJ \tag{7.56}$$

のように拡張されるはずである．ここで T_{CB} はカー・ブラックホールの温
度，Ω は時間の逆数の次元をもった比例定数である．質量が dM，角運動量
が dJ 変化したときの表面積の変化 dA は，(7.51)を微分することによって
求めることができる．一方，エントロピーは(7.55)であたえられるので，
(7.56)と比較することにより，カー・ブラックホールの温度や比例定数 Ω
が定まる．

$$T_{\mathrm{CB}} = \frac{4\hbar G}{c^3 kMA^2}\left\{\frac{c^6 A^2}{32\pi G^2} - 2\pi J^2\right\} \tag{7.57}$$

$$\Omega = \frac{4\pi J}{MA} \tag{7.58}$$

第7章 演習問題

1. きわめて硬い，ほとんど非圧縮性の物質で構成されている星の密度は，中心から表面までほとんど一定と近似できる．密度が ρ_0 で一様である相対論的星の場合，重力平衡の式(7.17)を解き，圧力 $P(r)$ は中心 $r=0$ から表面 $r=R$ の間で

$$P(r)/\rho_0 c^2 = \frac{(1-r^2/r_0{}^2)^{1/2} - (1-R^2/r_0{}^2)^{1/2}}{3(1-R^2/r_0{}^2)^{1/2} - (1-r^2/r_0{}^2)^{1/2}}$$

であることを示せ．ただし，ここで

$$r_0{}^2 = \frac{3c^2}{8\pi G\rho_0}$$

である．さらに(7.13), (7.20)から計量を求めよ．この計量を**シュバルツシルト内部解**という．

2. カー・ブラックホールの事象の地平面の表面積を計算し，(7.51)を示せ．

ワームホールとタイムマシン

Coffee Break

シュバルツシルト時空のワームホールは，ペンローズ図が示すように通行不可能である．しかし，カー時空でのワームホールやライスナー–ノルドストルム時空でのワームホールは，一方の漸近的平坦な時空からもう一方の漸近的平坦な時空へ移動することができる．ただし，あくまでも一方通行であり，もとの空間に戻ることはできない．

　ところが，最近になって往復可能なワームホールの研究も行なわれるようになった．ワームホールを往復可能にするためには，喉の部分に事象の地平線があってはならない．地平線なしにくびれの部分を作るためには，そこに重力的には「負」であるエネルギーを詰めなければならない．ソーン(K. Thone)らは，この通行可能ワームホールが1つの空間の異なる2点間を結んでいる時空を考え，一方の入口を光速度に近い速さで振動させるなら，それはタイムマシンとなることを示した．こうすれば，特殊相対論から，静止している入口(図のA)の近傍の時間に比べると振動している入口(図のB)の時間の進み方は遅くなるわけである．例えば，振動してない方の時刻がすでに10時でも，振動している方はまだ5時ということも起こり得る．こうしておいて，10時ちょうどに静止した入口の近傍にある家から出発し，もう一方の入口まで歩いて行くことにしよう．到着したときの腕時計の時間は10時10分，ただちにこの入口に飛び込み，出発した静止した方の入口から飛び出すとしよう．自分の腕時計の時刻は10時10分であるが，家の柱時計の時刻はまだ5時5分，つまり過去にタイムトラベルできたわけである．ただし，ワームホールは短く，瞬時に通り抜けられると仮定している．

　もし，このように，原理的にタイムマシンを作ることができるということになれば，因果律は深刻な問題となる．そのわかりやすい例が，俗にいう「親殺しのパラドックス」である．タイムマシンで過去に行き自分を生む前の母親を殺したならば，自分は存在しないはずである．存在しない自分がどうして過去に行って母親を殺すことができるのか，とい

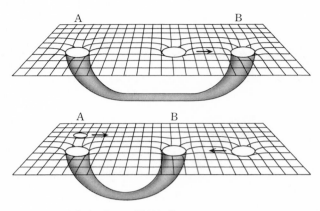

平面の 2 つの場所を結ぶワームホール

う自己矛盾が発生する．相対論がこのように時間がループ状になる時間的閉曲線を禁止していないなら，どのようにしてこのパラドックスは解消されるのだろうか？　S. ホーキングは，そのようなことが起こらないように量子論的効果によってワームホールは作られてもただちに潰れてしまう，もしくは作ることができないのだという「時間順序保護仮説」を提案している．しかし，これは証明されているわけではなく，未解決の問題である．

8 宇 宙 論

われわれの住む太陽系はおよそ2000億個の恒星が円盤状に分布した「天の川銀河」の中に位置している．230万光年離れたところに，隣の銀河，アンドロメダ銀河がある．現在，天文学的観測から，宇宙には少なくとも1000億個以上の銀河が存在し，100億光年以上の広がりをもっていることが知られている．宇宙論は，個別の天体ではなく，宇宙全体の構造や進化を研究する学問である．言い換えれば，物質的存在すべてとそれを内包する時空の構造・進化を明らかにする学問である．しかし相対論成立以前においては，時間や空間は物質の入れ物であってもそれ自身は先験的なものとされ，物理学の対象ではなかった．一般相対論の成立によってはじめて，われわれの住むこの宇宙全体の時空の構造や進化を論ずることができるようになったのである．アインシュタインは一般相対論完成の直後ただちにこれを認識し，一般相対論に基づいて宇宙論の研究をはじめている．

1922年，フリードマン(A. A. Friedmann)は重力場の方程式，アインシュタイン方程式を解き，宇宙が膨張したり収縮したりすることを示した．これが今日の宇宙論の基本モデルとなっている．1929年，ハッブル(E. P. Hubble)は実際，相対論の予言のように宇宙が膨張していることを発見した．1946年，ガモフ(G. Gamov)と共同研究者は，物質がぎっしりつまった状態から宇宙が出発したとするならば，その宇宙は高温で始まらなければならないことを，宇宙の元素の組成から原子核物理学を用いて理論的に示した．つ

まりビッグバンモデル(big bang)を提唱したのである．さらに彼らは膨張によって冷却した宇宙の温度をも計算し，現在の宇宙はプランク分布をもった黒体放射電波に満たされているはずだということを予言した．1965 年，ペンジアス(A. A. Penzias)とウィルソン(R. W. Wilson)は，ガモフらの予言したマイクロ波電波の背景放射が存在していることを発見したのである．これによって，フリードマンの解に基づいたビッグバンモデルは確固とした理論となり，**標準ビッグバン宇宙モデル**とよばれるようになった．

1970 年代末からは，素粒子論に基づいた宇宙初期の研究が飛躍的に進み，なぜ宇宙は生まれたのか，なぜ火の玉として生まれたのかという疑問に対しても解答をあたえようとする「量子宇宙モデル」や「インフレーションモデル」が提唱されている．さらに近年，ハイテクを用いた宇宙論的観測が飛躍的に進み，宇宙論は実証科学として進展している．

8-1 フリードマンモデル

宇宙は，3 次元の空間と 1 次元の時間をもった 4 次元時空と，その中に含まれる物質的存在を合わせたものである．アインシュタイン方程式を解くために，宇宙は空間的に一様でかつ等方であるという仮定をする．これは**宇宙原理**(cosmological principle)とよばれる．一様とは，簡単にいえば，凸凹がないということである．等方とは，特別な方向に宇宙が速く膨張しているとか，またある軸の周りに自転しているということはないということである．このような一様等方な 3 次元リーマン空間は次の 3 つの計量のみである．微小距離間隔の 2 乗は

$$dl^2 = \frac{1}{1-\frac{k}{a^2}r^2}dr^2 + r^2(d\theta^2 + \sin^2\theta d\phi^2)$$

ここで

$$k = \begin{cases} +1 & (\text{曲率正}) \\ 0 & (\text{曲率ゼロ}) \\ -1 & (\text{曲率負}) \end{cases} \tag{8.1}$$

で，空間の曲率の符号と対応する．a は長さの次元をもった定数である．

この計量は，動径方向の座標 r のスケールを

$$d\chi = \frac{d(r/a)}{\sqrt{1-kr^2/a^2}} \tag{8.2}$$

と変換することにより，k の符号が曲率に対応していることがよくわかるようになる．

$$dl^2 = a^2[d\chi^2 + \begin{cases} \sin^2\chi \\ \chi^2 \\ \sinh^2\chi \end{cases} (d\theta^2 + \sin^2\theta d\phi^2)] \tag{8.3}$$

ここで ｛ ｝ の中は

$$k = \begin{cases} +1 & (\text{曲率正}) \\ 0 & (\text{曲率ゼロ}) \\ -1 & (\text{曲率負}) \end{cases}$$

に対応する．模式的に図 8-1 に示すように，半径 χ の円の円周は $k=1$ の場合には $2\pi\chi$ より短く，また逆に $k=-1$ の場合には長く，k が曲率の符号に対応していることがわかる．

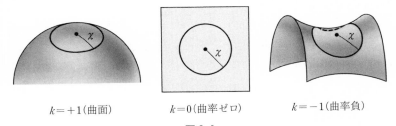

$k=+1$(曲面)　　　　$k=0$(曲率ゼロ)　　　　$k=-1$(曲率負)

図 8-1

曲率が正もしくは負のこれらの 3 次元空間は，4 次元の平坦な空間の中に埋め込むこと (enbedding) ができる．$k=0$ の空間は平坦な 4 次元空間の中の超曲面

$$(x^1)^2+(x^2)^2+(x^3)^2+(x^4)^2 = a^2 \tag{8.4}$$

である．これは 4 次元空間の中の半径 a の 3 次元球面である．

この球面を極座標

$$x^1 = a \sin \chi \sin \theta \cos \phi$$
$$x^2 = a \sin \chi \sin \theta \sin \phi$$
$$x^3 = a \sin \chi \cos \theta \tag{8.5}$$
$$x^4 = a \cos \chi$$
$$(0 \leq \chi < \pi,\ 0 \leq \theta < \pi,\ 0 \leq \phi < 2\pi)$$

で表示すると，この超曲面上の微小長さは確かに

$$dl^2 = (dx^1)^2+(dx^2)^2+(dx^3)^2+(dx^4)^2$$
$$= a^2[d\chi^2+\sin^2\chi(d\theta^2+\sin^2\theta d\phi^2)] \tag{8.6}$$

となり (8.3) の $k=+1$ の場合に一致する．この 3 次元球面の体積は

$$V = \int \sqrt{^{(3)}g}\, d\chi d\theta d\phi$$
$$= \int_0^\pi d\chi \int_0^\pi d\theta \int_0^{2\pi} d\phi\ a^3 \sin^2\chi \sin \theta = 2\pi^2 a^3 \tag{8.7}$$

である．$^{(3)}g$ はこの 3 次元空間の計量の行列式である．このように有限ではあるが果てのない空間を**閉じた空間**という．$k=0$ の空間は 3 次元の平坦なユークリッド空間であり，このように無限に広がる空間を**開いた空間**という．

同様に，$k=-1$ の負曲率空間は超曲面

$$(x^1)^2+(x^2)^2+(x^3)^2-(x^4)^2 = -a^2 \tag{8.8}$$

である．これは 4 次元空間の中の 3 次元双曲面である．この 3 次元双曲面を極座標

$$x^1 = a \sinh \chi \sin \theta \cos \phi$$
$$x^2 = a \sinh \chi \sin \theta \sin \phi$$
$$x^3 = a \sinh \chi \cos \theta \tag{8.9}$$
$$x^4 = a \cosh \chi$$
$$(0 < \chi < \infty,\ 0 < \theta < \pi,\ 0 < \phi < 2\pi)$$

で表示すると，この超曲面上の微小長さは確かに

$$dl^2 = (dx^1)^2 + (dx^2)^2 + (dx^3)^2 - (dx^4)^2$$
$$= a^2[d\chi^2 + \sinh^2\chi(d\theta^2 + \sin^2\theta d\phi^2)] \tag{8.10}$$

となり，(8.3)の$k=-1$の場合に一致する．これは開いた空間である．$k=0$や$k=-1$の空間は，このようにχ座標を∞に伸ばすことによって開いた空間となる(しかし，宇宙のトポロジーを考えるならば，必ずしも開いた空間のみが可能なわけではない．コーヒブレイク「宇宙のトポロジー」をみよ)．

一様，等方な空間に時間をくわえて作った時空の計量

$$ds^2 = -c^2dt^2 + a^2(t)[d\chi^2 + \begin{Bmatrix} \sin^2\chi \\ \chi^2 \\ \sinh^2\chi \end{Bmatrix}(d\theta^2 + \sin^2\theta d\phi^2)] \tag{8.11}$$

$$k = \begin{cases} +1 & (曲率正) \\ 0 & (曲率ゼロ) \\ -1 & (曲率負) \end{cases}$$

を**ロバートソン-ウォーカー計量**(Robertson-Walker metric)という．この計量での時間tは，一様等方な空間の各座標点に静止させた時計が刻む時刻で，**宇宙時刻**とよばれる．$a(t)$は空間の大きさをあたえる長さの次元をもった量で，**宇宙のスケール項**(scale factor)という．

さて次に，この宇宙を満たしている物質は，簡単化して完全流体であると仮定しよう．そして物質はこの座標系で静止しているものとする．するとそのエネルギー運動量テンソル[(2.122)式]は

$$T^i_j = (\rho c^2 + p)u^i u_j/c^2 + p\delta^i_j = \begin{pmatrix} -\rho c^2 & 0 & 0 & 0 \\ 0 & p & 0 & 0 \\ 0 & 0 & p & 0 \\ 0 & 0 & 0 & p \end{pmatrix} \tag{8.12}$$

である．ρは物質密度，pは圧力である．空間は一様としたので，ρ, pは時間のみの関数である．ここで流体は静止しているとしたので，4元速度は$u^i = (-c, 0, 0, 0)$, $u_j = (c, 0, 0, 0)$である．この計量とエネルギー運動量テンソルをアインシュタイン方程式，$G^i_j + \Lambda\delta^i_j = (8\pi/c^4)GT^i_j$, に代入して方程

式を解こう．この方程式の $(0,0)$ 成分は

$$\left(\frac{\dot{a}}{a}\right)^2+\frac{k}{a^2}c^2 = \frac{8\pi G}{3}\rho+\frac{\Lambda}{3}c^2 \tag{8.13}$$

である．また空間成分より

$$2\frac{\ddot{a}}{a}+\left\{\left(\frac{\dot{a}}{a}\right)^2+\frac{k}{a^2}c^2\right\} = -8\pi G\frac{p}{c^2}+\Lambda c^2 \tag{8.14}$$

が得られる．アインシュタイン方程式からは，この2つの独立した方程式が得られる．これら2つの方程式と独立ではないが，運動方程式 $T^{ij}{}_{;j}=0$ からエネルギー保存則

$$\frac{d}{dt}(\rho c^2 a^3)+p\frac{d}{dt}a^3 = 0 \tag{8.15}$$

が得られる．この式は(8.13)式を時間微分したものと(8.14)式からも導出される．

　この3つの方程式のうちのいずれか2つと，完全流体の状態方程式

$$p = f(\rho) \tag{8.16}$$

によって方程式は閉じ，宇宙のスケール項の時間変化が決まることになる．

宇宙のトポロジー

ほとんどの宇宙論の教科書や解説書では，曲率が負 $(k=-1)$ の宇宙やゼロ $(k=0)$ の宇宙を単純に「開いた宇宙」とよんでいる．確かに，ロバートソン-ウォーカー計量の動径方向の座標 χ がゼロから無限までの値をとるなら，これらは無限に広がった空間を記述している．しかし厳密にいうと，曲率がゼロもしくは負であることは，空間が無限に大きいことを意味しない．

　わかりやすくするために空間の次元を1つ下げ，2次元の空間で考えよう．さらに曲率ゼロの平坦な空間としよう．この平坦な2次元空間の一部分を正方形に切りとった空間，つまり1枚の「色紙」を考えよう．

このままでは，色紙の空間を宇宙のモデルと考えることはできない．なぜならこの空間をまっすぐ進むと必ず果てにぶつかり，以後の運動を議論できないからである．つまり，そこから情報が流れ出したり逆に流れ込んでくることになり，時空全体での因果関係が定まらない．宇宙のモデルとなり得る空間は，少なくとも大局的に完備な空間でなければならない．完備とは，測地線を1本のままいつまでも延長できるという性質である．

　色紙も辺どうしを糊付けし，果てをなくすると完備な空間になる．辺ABと辺DCを糊付けしたもの（ABとDCを等化するという）は円筒になる．円筒の両端をくっつけるとトーラスができあがる．円筒の両端をくっつけるとき，裏からくっつけるとクラインの壺ができあがる．

　もっとも，これらの糊づけは実際の色紙ではできないが，より次元の高い空間の中に色紙があるとすると，曲率ゼロのまま糊付けができる．3次元空間でも同様に，3次元のトーラスや3次元クラインの壺を作ることができる．曲率が負（$k=-1$）の時空やゼロ（$k=0$）の時空から，立方体を切りだしたとしよう．向かい合う2つの面を糊付けして1つの面にする．

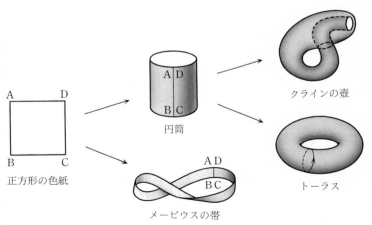

色紙から円筒，トーラス，クラインの壺，メービウスの帯を作る

これにより3次元トーラスの空間ができる．したがって，曲率が負であっても，空間を閉じさせることができる．糊付けの仕方によって，さらにいろいろのつながり方（トポロジー）をもった空間が考えられる．

現実の宇宙がどのようなトポロジーをもっているかはわからない．閉じた有限の宇宙では，光は宇宙を何周もできるようになるので，同じものが周期的に遠方に見えてくるはずである．そのようなことは観測されていないので，宇宙が有限としても，その大きさは150億光年を越える大きさであろう．

8-2 フリードマンの解

宇宙定数 $\Lambda=0$ で圧力 $p\ll\rho c^2$ の場合の解を求めよう．現在の宇宙では銀河が基本構成要素であるが，そのランダムな運動は数百 km/sec 程度である．銀河のランダムな運動は熱運動ではないが，単位面積を通過する運動量を圧力とみなすことができる．しかし，ランダムな運動の速度は光の速さに比べると十分小さい（非相対論的）ので，$p\ll\rho c^2$ である．そこで $p=0$ と近似する．(8.13)式は

$$\frac{1}{2}\dot{a}^2 - G\frac{(4\pi a^3/3)\rho}{a} = -\frac{k}{2}c^2 \tag{8.17}$$

と書き換えることができる．これは，1つの質点が中心質量が $M=(4\pi a^3/3)\rho$ である重力ポテンシャル中で運動している場合のエネルギー式である．全エネルギーに対応するのが左辺で，$E=-kc^2/2$ である．$p=0$ であるので，(8.15)式より $\rho a^3=$ 一定 で，この質量 M は保存している．この方程式の定性的性質は図8-2から一目瞭然である．$E>0$，つまり $k=-1$ の場合，質点はポテンシャルの無限に深い底から飛び出し，そのまま減速しながらも無限遠方まで達することができる．これは，宇宙のスケール項はゼロから無限大まで大きくなることができることを意味している．$E=0$ $(k=0)$ の場合，同様に無限に大きくなることはできるが，極限でその膨張速度はゼ

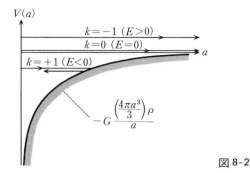

図 8-2

ロとなる．$E < 0$（$k = +1$）の場合，エネルギーが不足するため，ある大きさまで膨張した後，宇宙は収縮に向かい，再び大きさゼロに帰ることがわかる．

さて，具体的にスケール項の時間変化の式を求めよう．現在の宇宙時刻での観測値と比較するために，次の量を定義する．

$$H(t) = \frac{\dot{a}(t)}{a(t)}, \qquad H_0 = H(t_0)$$
$$q(t) = -\frac{\ddot{a}(t)a(t)}{\dot{a}^2(t)}, \qquad q_0 = q(t_0) \tag{8.18}$$

ここで，t_0 は現在の宇宙時刻，この時刻での宇宙膨張の速さの度合いを表わす H_0 を**ハッブル定数**，宇宙膨張の減速の度合いを表わす q_0 を**減速パラメータ**という．

(8.17)式を微分し，これに $-a/\dot{a}^3$ をかけることにより

$$2q(t) = -\frac{8\pi G}{3}\left(\dot{\rho}\frac{a^3}{\dot{a}^3} + 2\rho\frac{a^2}{\dot{a}^2}\right) \tag{8.19}$$

が得られる．さらに，エネルギー保存(8.15)式から得られる $\dot{\rho} = -3\rho(\dot{a}/a)$ を代入すると

$$2q(t) = 1 + \frac{kc^2}{a^2 H^2(t)} \tag{8.20}$$

が得られる．これを現在の時刻 t_0 での値で書くと

$$\frac{kc^2}{a_0{}^2 H_0{}^2} = 2q_0 - 1 \qquad (8.21)$$

という式が得られる．ここで，$a_0 = a(t_0)$ である．この式より，現在の時刻での q_0 の観測によって，その値が $1/2$ より大きいか小さいかがわかると，宇宙の曲率の正負がわかる．

$$q_0 \begin{cases} > \\ = \\ < \end{cases} \frac{1}{2} \quad \Longleftrightarrow \quad k = \begin{cases} +1 \\ 0 \\ -1 \end{cases} \qquad (8.22)$$

さらに宇宙の曲率は，宇宙のエネルギー密度 ρ_0 の測定からも決めることができる．(8.17)式から

$$\frac{kc^2}{a^2 H^2} = \frac{\rho(t)}{3H^2/8\pi G} - 1 \qquad (8.23)$$

が得られる．ここで

$$\rho_{\mathrm{c}}(t) = \frac{3H^2(t)}{8\pi G}, \qquad \rho_{\mathrm{c},0} = \frac{3H_0{}^2}{8\pi G} \qquad (8.24)$$

$$\Omega(t) = \frac{\rho(t)}{\rho_{\mathrm{c}}(t)}, \qquad \Omega_0 = \frac{\rho_0}{\rho_{\mathrm{c},0}} \qquad (8.25)$$

を定義する．$\rho_{\mathrm{c}}(t)$ は**臨界密度**とよばれる量である．また，この現在での値 $\rho_{\mathrm{c},0}$ を単に**臨界密度**とよぶこともある．宇宙のエネルギー密度 $\rho(t)$ と臨界密度 $\rho_{\mathrm{c}}(t)$ の比である $\Omega(t)$ は**宇宙の密度パラメータ**とよばれる．同様に，この現在での値，Ω_0 を単に**宇宙の密度パラメータ**とよぶこともある．(8. 23)式は，これらの量をもちいると

$$\frac{kc^2}{a^2(t) H^2(t)} = \Omega(t) - 1 \qquad (8.26)$$

と書き換えることができる．さらに現在の値で書くと

$$\frac{kc^2}{a_0{}^2 H_0{}^2} = \Omega_0 - 1 \qquad (8.27)$$

であるので，宇宙のエネルギー密度の測定によっても，宇宙の曲率の符号を定めることができる．

$$\Omega_0 \begin{cases} > \\ = \\ < \end{cases} 1 \iff k = \begin{cases} +1 \\ 0 \\ -1 \end{cases} \tag{8.28}$$

さて，(8.17)式を積分して，スケール項の時間変化を求めよう．積分をしやすくするために，エネルギー保存の式より $\rho(t)a^3(t) = \rho_0 a_0{}^3$ と現在の値に置き換える．また k も，(8.21)式を用いて，現在の値 q_0 や H_0 に置き換える．すると

$$\left(\frac{\dot{a}}{a_0}\right)^2 = H_0{}^2\{(1-2q_0)+2q_0(a_0/a)\} \tag{8.29}$$

が得られる．これを積分することにより

$$t = H_0{}^{-1}\int_0^x \{(1-2q_0)+2q_0/x\}^{-1/2}dx \\ x = a(t)/a_0 \tag{8.30}$$

が得られる．$q_0 = 1/2$（$k=0$，平坦な宇宙）である場合の積分は簡単である．$q_0 > 1/2$（$k=1$，曲率正の宇宙）の場合は，x の代りに，$x = q_0(2q_0-1)^{-1}(1-\cos\theta)$ で定義される媒介変数 θ を用いると，また $q_0 < 1/2$（$k=-1$，曲率負の宇宙）の場合は x の代りに，$x = q_0(1-2q_0)^{-1}(\cosh\theta-1)$ で定義される媒介変数 θ を用いると，容易に積分が実行できる．結果をまとめると

$$a(t) = \begin{cases} \dfrac{c}{2}C_+(1-\cos\theta), \quad t = \dfrac{1}{2}C_+(\theta-\sin\theta) & (k=+1 \text{ の場合}) \\[2mm] a_0(3H_0t/2)^{2/3} & (k=0 \text{ の場合}) \\[2mm] \dfrac{c}{2}C_-(\cosh\theta-1), \quad t = \dfrac{1}{2}C_-(\sinh\theta-\theta) & (k=-1 \text{ の場合}) \end{cases} \tag{8.31}$$

ただし，ここで

$$C_+ = \frac{2q_0}{(2q_0-1)^{3/2}H_0} = \frac{2q_0}{2q_0-1}\frac{a_0}{c} \tag{8.32}$$

$$C_- = \frac{2q_0}{(1-2q_0)^{3/2}H_0} = \frac{2q_0}{1-2q_0}\frac{a_0}{c} \tag{8.33}$$

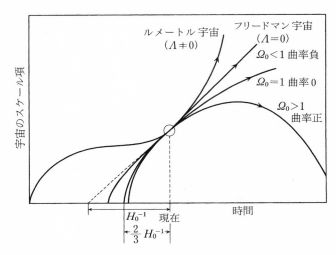

図8-3 宇宙膨張の様子．曲率が正，ゼロ，負のフリードマン宇宙でのスケール項の変化と，宇宙定数がゼロでないとした宇宙モデル，ルメートル宇宙モデル(演習問題2)でのスケール項の変化．

である．このアインシュタイン方程式の解を**フリードマンの解**という．また，この解に基づく宇宙のモデルを**フリードマンモデル**という．図8-3に，宇宙膨張の様子を示す．まず注意しなければならないことは，宇宙の曲率の符号の正負にかかわらず，宇宙の初期（$\theta \ll 1$）では，膨張の様子は，$k=1, 0, -1$，いずれの場合も近似的に

$$a(t) = (2q_0)^{1/3} \cdot a_0 (3H_0 t/2)^{2/3} \tag{8.34}$$

で，時間の2/3乗に比例して膨張することである．$k=1$の宇宙は時刻 t_{max} $=\pi C_+/2$ で最大となり，そのスケール項の値は $a_{max}=c \cdot C_+$ である．そして時刻，πC_+ でゼロになる．このように，ビッグバンと反対に宇宙が収縮し崩壊することを**ビッグクランチ**(big crunch)という．$k=0$の宇宙は永遠に時間の2/3乗に比例して膨張する．$k=-1$の宇宙は $\theta \gg 1$ では $a(t)=ct$ となり，時間の1次に比例して大きくなる．これは，(8.17)式において重力ポテンシャル項の値が曲率による項（粒子の運動との類似では全エネルギー）と

比べると無視できるようになったからである．われわれは，ハッブル定数や減速パラメータの値を観測から知ることができれば，開闢から現在までの時間，現在の宇宙時刻 t_0 を知ることができる．(8.31)式において現在の宇宙のスケール項の値を a_0 とし時刻を求めると

$$t_0 = \frac{1}{H_0} f(q_0)$$

$$f(q_0) = \begin{cases} \dfrac{q_0}{(2q_0-1)^{3/2}}\left\{ \cos^{-1}\left(\dfrac{1}{q_0}-1\right) - \dfrac{1}{q_0}(2q_0-1)^{1/2} \right\} & (k=+1) \\[3mm] \dfrac{2}{3} & (k=0) \\[3mm] \dfrac{q_0}{(1-2q_0)^{3/2}}\left\{ \dfrac{1}{q_0}(1-2q_0)^{1/2} - \cosh^{-1}\left(\dfrac{1}{q_0}-1\right) \right\} & (k=-1) \end{cases}$$

$$(8.35)$$

が得られる．

　このようにして，フリードマン宇宙モデルのパラメータは2つであるので，観測によって H_0, q_0, Ω_0（もしくは ρ_0），t_0，のいずれかのうち2つの量が得られるならば，モデルは決まることになる．また，2つ以上の量が得られれば，他の2つの値を用いて計算された値と比較することにより，フリードマンモデルが矛盾なく成立しているかどうか検証できる．次の章で観測との関係を見てみよう．

8-3　赤方偏移

膨張している宇宙での光の伝播を考えよう．座標 $\chi=0$ に静止した観測者 O が，また座標 $\chi=\chi_1$ に静止した光源 E があったとしよう（図8-4）．角度方向 θ, ϕ は簡単化のため同一とする．E から宇宙時刻 $t_1(<t_0)$ に光が放射され，現在の時刻 t_0 に，O により受信されたとしよう．光の経路は $ds^2=0$，であることから，計量(8.11)より $cdt=a(t)d\chi$ なので，これを積分すると

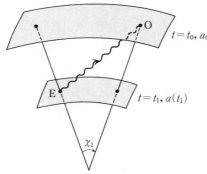

図 8-4　膨張している宇宙での光の伝播

$$\chi_1 = \int_{t_1}^{t_0} \frac{c}{a(t)} dt \tag{8.36}$$

である．同様に，E から宇宙時刻 $t_1+\delta t_1$ に光が放射され，時刻 $t_0+\delta t_0$ に，O により受信されたとすると，O と E 間の座標距離は同じなので

$$\chi_1 = \int_{t_1+\delta t_1}^{t_0+\delta t_0} \frac{c}{a(t)} dt \tag{8.37}$$

である．(8.37)から(8.36)を差し引くと

$$\frac{\delta t_1}{a(t_1)} = \frac{\delta t_0}{a(t_0)} \tag{8.38}$$

が得られる．δt_1 を放射された光の波の山から次の山までの時間，つまり振動数 ν_1 の逆数とすると，δt_0 は受信される光の振動数 ν_0 の逆数である．したがって，放射された光の振動数 ν_1(波長 λ_1)と受信されるときの振動数 ν_0(波長 λ_0)の比，

$$\frac{\nu_1}{\nu_0} = \frac{\lambda_0}{\lambda_1} = \frac{a(t_0)}{a(t_1)} \tag{8.39}$$

となる．したがって光の波長は，ちょうど宇宙の膨張とともに同じように引き延ばされるのである．波長の比を

$$1+z \equiv \frac{\lambda_0}{\lambda_1} \tag{8.40}$$

と定義したとき，z のことを**赤方偏移パラメータ**(redshift parameter)とい

う．光源，観測者ともにこの座標系に対して静止しているにもかかわらず赤方偏移が起こるのは，いま示したように宇宙膨張の効果であるが，z が 1 より十分小さいときこれを**ドップラー効果**として解釈することもできる．光源が速度 v で遠ざかっているとき，非相対論的場合（$v \ll c$），ドップラー効果の式は $\lambda_0/\lambda_1 = 1 + (v/c)$ であるので，赤方偏移 z の天体は速度

$$v = cz \tag{8.41}$$

で遠ざかっていることになる．z が大きいほど，より過去から来たことを意味するが，これはより遠方から来たということでもある．それでは，z と距離とはどのような関係式で結ばれているだろうか？ 座標距離 χ_1 と z の関係は (8.36) 式に実際に宇宙の膨張則を代入し積分することによって得られる．例えば，もっとも簡単な平坦な宇宙の場合，$a(t) = a_0(t/t_0)^{2/3}$ を代入することにより

$$\chi_1 = \frac{2c}{a_0 H_0} \{1 - (1+z)^{-1/2}\} \tag{8.42}$$

が得られる．OE 間の現在の時刻における固有距離は，これにスケール項 a_0 をかけたものであるので，$2cH_0^{-1}\{1 - (1+z)^{-1/2}\}$ である．しかし現在の時刻での O と E は空間的であり，そのような距離を天文学的な方法で測る方法はない．

天文学的に距離を測定するには，絶対的な明るさがわかっている天体の見かけの明るさを測定する．そして，それが絶対的な明るさと比べて暗くなっている度合いで距離を推定する．ハッブルがこのような標準光源として選んだのが変光星である．ある種の変光星は，その明るさの変化する周期が同じであれば，絶対的明るさ L が同じである．つまり，周期を測定することで，その変光星の絶対的明るさを推定できるのである．見かけの明るさが距離の 2 乗で暗くなることから，見かけの明るさ l を測定すると，その変光星までの距離は

$$d_L = \left(\frac{L}{4\pi l}\right)^{1/2} \tag{8.43}$$

と求められる．このように定義した距離を**光度距離**（luminosity distance）と

いう. この距離は平坦で膨張もしていないミンコフスキー時空では固有距離であるが, 曲がった空間でかつ膨張している宇宙では固有距離とは異なる. この光源がエネルギー $h\nu$ の光子を平均時間間隔 Δt で放出する天体, $L_1 = h\nu_1/\Delta t_1$ であったなら, $1+z$ 倍に宇宙のスケール項が大きくなった現在の明るさは, $L_0 = (1+z)^{-2}L_1$ である. なぜなら, 光子のエネルギーが $(1+z)$ 分の 1 になるのみならず, 光子を受信する間隔も $1+z$ 倍長くなっているからである. したがって, 見かけの明るさ l は座標距離が χ_1 である球面の表面積を $4\pi\rho^2(\chi_1)$ とすると

$$l = \frac{L}{4\pi a_0{}^2 \rho^2(\chi_1)(1+z)^2} \tag{8.44}$$

である. ただし $\rho(\chi_1)$ はロバートソン-ウォーカー計量より

$$\rho(\chi_1) = \begin{cases} \sin\chi_1 \\ \chi_1 \\ \sinh\chi_1 \end{cases}, \qquad k = \begin{cases} +1 \\ 0 \\ -1 \end{cases} \tag{8.45}$$

である. したがって光度距離とは

$$d_{\mathrm{L}} = (1+z)a_0\rho(\chi_1) \tag{8.46}$$

なのである. $k=0$ の場合, χ_1 は (8.42) によって H_0 と z の関数として求められている. 同様に $k = \pm 1$ の場合も求めることができる. これらの関係を (8.46) に代入すると, $k = -1, 0, +1$ すべての場合をまとめて

$$d_{\mathrm{L}} = \frac{c}{H_0 q_0{}^2} \left[q_0 z + (q_0 - 1)\{\sqrt{1+2q_0 z} - 1\} \right] \tag{8.47}$$

と書くことができる. これは $z \ll 1$ の極限で

$$d_{\mathrm{L}} = \frac{cz}{H_0} \left\{ 1 + \frac{1}{2}(1-q_0)z + \cdots \right\} \tag{8.48}$$

となる. 赤方偏移 z をドップラー速度, $v = cz$ で書くと

$$v = H_0 d_{\mathrm{L}} \left\{ 1 + \frac{1}{2}(q_0 - 1)\left(\frac{H_0 d_{\mathrm{L}}}{c}\right) + \cdots \right\} \tag{8.49}$$

が得られる. 2 次以上を無視した関係, $v = H_0 d_{\mathrm{L}}$, つまりドップラー速度が光度距離 d_{L} に比例するという関係を**ハッブルの法則**という. ハッブルが

1929年に30個たらずの銀河の観測から発見した関係で，その比例係数H_0がハッブル定数である．2次以上の項には曲率の影響があらわれるので，原理的には遠方でのハッブル則からのズレを観測することにより，減速パラメータの値などが測定できる．実際には，標準光源の見かけの明るさと赤方偏移パラメータの関係式，

$$l = \frac{L}{4\pi d_L{}^2} = \frac{LH_0{}^2}{4\pi c^2 z^2}\{1+(q_0-1)z+\cdots\} \tag{8.50}$$

を観測データと比較することによって減速パラメータの値を求めている．

前の節で示したようにフリードマン宇宙モデルの独立パラメータは2つであるので，観測によってH_0, q_0, Ω_0（もしくはρ_0）, t_0 のいずれかのうち2つの量が得られるならば，モデルは決まることになる．また2つ以上の量が得られれば，他の2つの値を用いて計算された値と比較することによって，フリードマンモデルが矛盾なく成立しているかどうか検証できる．しかし観測には大きな不確定性があり，現在のハッブル定数や減速パラメータの観測値は，$50\,\mathrm{km/s/Mpc} < H_0 < 100\,\mathrm{km/s/Mpc}, q_0 < 1$ である．ここでハッブル定数の

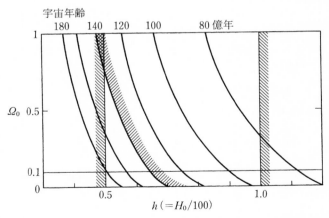

図8-5　宇宙の年齢とハッブル定数．宇宙の年齢とハッブル定数を横軸，Ω_0を縦軸とした図の上に等高線で示す．斜線領域は観測から除外されるべきと考えられる領域である．

単位 km/s/Mpc は，観測した銀河の距離 1 Mpc あたりの銀河の後退速度を km/s で測ったものである．1 pc とは天文学で用いられる距離の単位で，三角視差(天体から地球の軌道半径を見る角度)が 1 秒である距離で，およそ 3.26 光年である．銀河と銀河の平均距離は 1 Mpc のオーダーである．また密度パラメータは，ダークマターも含めて，$0.1 < \Omega_0 < 1$ 程度である．

　ダークマター(暗黒物質)とは，銀河のまわりの領域や銀河団中に存在する正体がはっきりしない物質のことである．光や電磁波の観測ではその存在はわからないが，そのダークマターが及ぼす重力の効果によって存在が知られている．宇宙の年齢は古い星の年齢から，その下限値，140 億年 $< t_0$ が推定されている．ハッブル定数は時間の逆数の次元であり，100 km/s/Mpc が 98 億年の逆数程度である．したがって，ハッブル定数の値が大きいと，宇宙の年齢は短くなる．ハッブル定数が小さめであれば，宇宙が平坦($2q_0 = \Omega_0 = 1$)である解は許される．しかし，ハッブル定数が 100 km/s/Mpc を越えることがあると，宇宙年齢と深刻な矛盾が生じる(図 8-5)．

8-4　宇宙の地平線

粒子的地平線

宇宙論の議論では粒子的地平線というものが定義されている．

　粒子的地平線(particle horizon)とは，宇宙時刻 $t=0$ にある点から出発した光が時刻 t までに到達した距離のことである．つまり式で書けば，$c\,dt = a(t)d\chi$ を積分することにより

$$\text{座標距離での粒子的地平線：} \chi_{\mathrm{PH}}(t) = \int_0^t \frac{c}{a(t)} dt$$

$$\text{固有距離での粒子的地平線：} d_{\mathrm{PH}}(t) = a(t)\cdot\chi_{\mathrm{PH}}(t)$$

$$(8.51)$$

である．平坦な宇宙($k=0$)の場合，宇宙の膨張式(8.31)を代入することにより

$$d_{\mathrm{PH}}(t) = 3ct \qquad (8.52)$$

となる．つまり粒子的地平線は，局所的な光の速さ c の 3 倍で広がること

になる．光の信号がいま通過しているその場所での局所慣性系で光の速度を測定すれば，当然それは c である．しかし，この光が通過した後，経路となった空間は宇宙膨張で引き延ばされ，時間の 2/3 乗に比例して大きくなる宇宙（$at^{2/3}$）では，結果的に $3ct$ の距離を進んだことになるのである．曲率正の宇宙（$k=+1$）では，（8.31）式を代入することにより，座標距離での粒子的地平線は

$$\chi_{\mathrm{PH}}(t) = \theta, \quad t = \frac{1}{2} C_+(\theta - \sin \theta) \tag{8.53}$$

となる．

　宇宙開闢のとき「宇宙の北極」，$\chi=0$ の地点を出発した光は，宇宙のスケール項が最大の時刻，$\theta = \pi$ では $\chi = \pi$ となり，ちょうど「宇宙の南極」に到達する．したがって，この時刻までに宇宙全体に情報を伝えることができる．もし北極で光を空間的なすべての方向に放射したとするなら，それらの光は南極で焦点を結び，すべての方向から光がやってくることになる．さらに南極を通過して光は進み，時刻 $\theta = 2\pi$ には，光は宇宙を一周し出発点に帰着する．つまり，宇宙が崩壊するビッグクランチの瞬間にそこに人がいたとすれば，自分の背中を見ることができるのである．

地平線問題

宇宙論的スケールでの観測では，遠方を観測することは宇宙の過去を観測することである．光や電波を用いた観測によって，どこまで宇宙の過去を見ることができるのであろうか？ 宇宙が完全に透明であれば，原理的にはビッグバンの瞬間をも現在見ることができる．しかし，実際の初期宇宙は高温で物質は電離している．そのため電磁波は自由電子とのトムソン散乱により直進できなくなる．宇宙初期は不透明である．しかし，温度が $T_{\mathrm{r}} = 4000\,\mathrm{K}$ まで下がってくると，宇宙で最も多い元素である水素原子が中性化する．この時刻 $t_{\mathrm{r}} \approx 30$ 万年 のことを**再結合時刻**，またその温度 T_{r} を**再結合温度**という．平坦な宇宙モデル（$k=0$）では，その時刻の粒子的地平線は

$$d_H(t_r) = \frac{2c}{H_0} \left(\frac{a_0}{a(t_r)} \right)^{-3/2} = \frac{2c}{H_0} \left(\frac{2.7\,\mathrm{K}}{4000\,\mathrm{K}} \right)^{3/2}$$

$$= \frac{2c}{H_0} (1+z_r)^{-3/2} = 3.5 \times 10^{-5} c/H_0 \tag{8.54}$$

である．ここで z_r は，この時刻に放出された光の赤方偏移パラメータである．つまり，この時刻に 4000 K のプランク分布をもっていた放射が，宇宙が 1480 倍大きくなり，波長がこの倍率だけ引き延ばされたために，現在の宇宙では 2.7 K の黒体放射として観測されているのである．

　したがって，宇宙背景放射を観測することは，この宇宙の再結合時刻，もしくは晴れあがりの時刻の宇宙の姿を見ることなのである．半径 $d_H(t_r)$ の円を現在電波望遠鏡で観測すると，その視直径は，空間が平坦である場合

$$\Delta\theta = \frac{(1+z_r)2d_H(t_r)}{2cH_0^{-1}} = \frac{2}{\sqrt{1+z_r}} \ \mathrm{rad} \approx 3 \ \text{度} \tag{8.55}$$

である．つまり望遠鏡を 3 度移動すると，その時刻までにはもはや互いに開闢以来因果関係をもつことのなかった領域を観測していることになる．

　近年，宇宙背景放射の観測が精密に行なわれるようになり，空間的な宇宙背景放射の強さの揺らぎが観測されているが，それは温度の揺らぎとして見ると，すべての方向で $\Delta T/T \approx 10^{-5}$ の程度である．つまりこれは，再結合時刻では互いにまったく因果関係をもったことのない領域が，なぜかまったく同じ状態にあるということを意味している．宇宙がこのように一様であるのは，何らかの一様化するプロセスがそれ以前に働いた結果のはずである．しかし，地平線を越えてエネルギー・物質を輸送し一様化させることは原理的に不可能である．この理論的矛盾を**地平線問題**という．次の節で見るように，この問題は素粒子的宇宙論の研究の中から導かれた「インフレーション宇宙モデル」によって解決される．

8–5 インフレーション宇宙モデル

フリードマンの解に基づいた宇宙モデルは観測ともほぼ一致し，今日では

「標準ビッグバンモデル」とよばれていることはすでに述べた．しかし理論的立場から考えると，原理的問題が多く残されている．前の節で示した地平線問題もその1つである．また現在の宇宙の構造は，宇宙初期に仕込まれた密度の揺らぎが成長して創られたと考えられている．しかし，宇宙初期に遡るにしたがって，地平線は小さくなる．現在観測されているような宇宙の大構造，超銀河団等の大きなスケールの種（たね）を宇宙初期で創ろうとすると，その時刻での地平線を越えた揺らぎを創らねばならない．しかし，これは原理的にできないことである．この問題を**密度揺らぎの起源の問題**という．

　また，現在の宇宙が観測的にその曲率の測定が困難であるほど平坦に近いことも，一般相対論の立場から見ると奇妙である．なぜなら，宇宙膨張の解は出発点で少しでも物質密度が臨界密度より大きければ加速度的にさらに大きくなり，また逆に小さいと加速度的に小さくなるように進化するからである．つまり密度パラメータ $\Omega(t)$ はその値が1から少しでも大きいと急激に増大し，また逆に少しでも小さいと急激に減少する関数なのである（演習問題3）．宇宙を平坦なまま，つまり $\Omega=1$ のまま膨張させるのは，数学的には両側の谷に転がり落ちないように石ころを尾根道に沿って正確に落下させるようなもので，きわめて困難である．この問題を宇宙の**平坦性問題**という．

　これらの困難を解決するために，**指数関数的膨張宇宙モデル**が考えられた．素粒子の基本的な力を統一する統一理論は，真空の相転移という概念に基づいている．この考えを宇宙初期に応用すると，温度の高い初期宇宙は真空のエネルギー密度が高い状態として始まり，温度が臨界温度以下になると相転移を起こし，真空のエネルギー密度がゼロの真空に転げ落ちるというシナリオが描き出されるのである（図8-6）．真空のエネルギー密度は相転移が起こらない限り，宇宙が膨張しても薄まることはなく，時間的に一定である．真空の相転移が1次の相転移であるとか，相転移時の落下の速度が宇宙膨張に比べてきわめて遅い場合，膨張によって普通の物質のエネルギー密度や輻射のエネルギー密度は減少するのに対して，真空のエネルギー密度は一定のままであるので，真空のエネルギー密度は宇宙のエネルギー密度として最も大きなものになる．

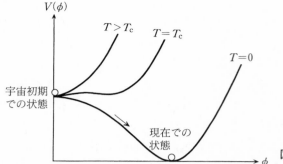

図 8-6　真空の相転移

　真空のエネルギー密度 ρ_v と輻射のエネルギー密度 ρ_r で満たされた平坦な宇宙の膨張の式は，(8.17) より，

$$\left(\frac{\dot{a}}{a}\right)^2 = \frac{8\pi G}{3}\left(\rho_v + \rho_r(t)\right) \tag{8.56}$$

であり，この解は

$$a(t) = b^{1/4}l\,\sinh^{1/2}(2ct/l) = \begin{cases} b^{1/4}l(2ct/l)^{1/2} & (ct \ll l) \\ 2^{-1/2}b^{1/4}l\,\exp\,(ct/l) & (ct \gg l) \end{cases} \tag{8.57}$$

である．ここで l は

$$l = c\left(\frac{8\pi G\rho_v}{3}\right)^{-1/2} \tag{8.58}$$

で定義される真空のエネルギー密度を特徴づける長さである．また b は次のように定義される無次元の定数である．

$$b \equiv \frac{\rho_r a^4}{\rho_v l^4} \tag{8.59}$$

b が定数であるのは，断熱的に宇宙が膨張するとき，$\rho_r \propto a^{-4}$ だからである．$t < l/c$ では輻射のエネルギーが支配的であったが，宇宙膨張によって ρ_r は急激に小さくなるのに対して，真空のエネルギーは一定であるので，$t > l/c$ では真空のエネルギーが支配的となり，宇宙は指数関数的に急激な膨張をすることになる（図 8-7）．宇宙の温度はこの時期には指数関数的に降下する．

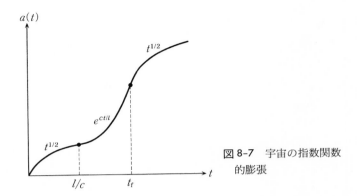

図 8-7　宇宙の指数関数
的膨張

しかし，指数関数的膨張はいつまでも続くのではない．いつか相転移が終了
すると，真空のエネルギーは潜熱として解放され，宇宙はこのエネルギーに
よって火の玉宇宙となるのである．終了時刻 t_f に瞬時に真空のエネルギー
が輻射エネルギーになったとすると，相転移後の輻射エネルギー密度は
$\rho_r(t_f)=\rho_v$ である．現在の宇宙のエネルギーは，ほとんどすべて，この潜熱
として解放されたエネルギーから来ているということになる．このように，
指数関数的膨張と引き続きおこる相転移によって真空のエネルギーが開放さ
れるというモデルを**インフレーション宇宙モデル**という．このモデルは，グ
ース(A. Guth)，佐藤勝彦を含む複数の人々によって提唱された．以後の宇
宙の進化は標準モデルと基本的に同じである．

　このモデルでは，地平線問題は容易に解決される．相転移前の地平線内に
あった一様な領域がこの指数関数的膨張で引き延ばされたと考えるのである．
現在観測されている領域は，この領域内の一部と考えるのである．ゆらぎの
種の形成の問題も同様な引き延ばしの効果で説明できる．現在の標準的考え
方では，インフレーションの時代の量子論的な密度ゆらぎがインフレーショ
ンによって引き延ばされることによって，巨大なスケールの種を作ることが
できるとされ，その密度ゆらぎのスペクトルは観測とほぼ一致していること
が知られている．宇宙の密度パラメータも，たとえ出発点の値が 1 から離れ
ていても，インフレーションのような加速度的急激な膨張が始まると急速に

1に漸近する(演習問題3). したがって平坦性問題も容易に解決されることがわかる.

　さてインフレーションは，真空のエネルギー密度に働く重力が，あたかも「宇宙斥力」として働くことから起こった. 実は，真空のエネルギー密度が存在することは，アインシュタインが1917年に導入した宇宙定数が存在することと数学的には同等で，

$$\Lambda = 8\pi G \rho_{\mathrm{v}}/c^2 \tag{8.60}$$

と結び付けられているのである. これを示そう. 真空のエネルギー密度 ρ_{v} は宇宙がいくら膨張しても時間的に変化しない. $\rho_{\mathrm{v}}=$一定 とすると，エネルギー保存式(8.15)から

$$p = -\rho_{\mathrm{v}} c^2 \tag{8.61}$$

が得られる. つまり真空は負の圧力をもつことがわかる. この場合，真空のエネルギー運動量テンソルは

$$T^i{}_j(\mathrm{vac}) = (\rho_{\mathrm{v}} c^2 + p_{\mathrm{v}}) u^i u_j/c^2 + p_{\mathrm{v}} \delta^i{}_j$$
$$= \begin{pmatrix} -\rho_{\mathrm{v}} c^2 & 0 & 0 & 0 \\ 0 & -\rho_{\mathrm{v}} c^2 & 0 & 0 \\ 0 & 0 & -\rho_{\mathrm{v}} c^2 & 0 \\ 0 & 0 & 0 & -\rho_{\mathrm{v}} c^2 \end{pmatrix} \tag{8.62}$$

これを宇宙項を除いた重力場の方程式(5.75)式に代入すると

$$R^i{}_j - \frac{1}{2} R \delta^i{}_j = \frac{8\pi G}{c^4}(T^i{}_j + T^i{}_j(\mathrm{vac})) = -\Lambda \delta^i{}_j + \frac{8\pi G}{c^4} T^i{}_j \tag{8.63}$$

となる. ここで(8.60)を代入した. この式は宇宙定数の存在する重力場の方程式(5.75)にほかならない. つまり，宇宙定数が存在するということは，真空がエネルギー密度をもつということなのである. 相転移前の宇宙には大きな値をもった宇宙定数が存在し，その斥力によって宇宙はインフレーションを起こしたのである.

量子宇宙論

インフレーション宇宙モデルによると，量子論的な小さな時空であってもこれが種として存在するならば，その時空を真空のエネルギーに働く斥力によ

って指数関数的に急激に膨張させ，マクロな宇宙にすることができる．潜熱の解放によって，その時空内をエネルギーで満たすことができるのである．したがって，最初の種となる時空がいかにして形成されるかが宇宙の起源の問題となる．ビレンケン(A. Vilenkin)は，「無」の状態から量子重力効果によりきわめて小さいがしかし真空のエネルギーが高い状態にある，ミニ時空がトンネル効果によって作られるというモデルを考えた．

簡単なモデルとして，真空のエネルギーをもった曲率正の閉じた宇宙を考えてみよう．この宇宙のスケール項 a を力学変数としたときの，この宇宙のラグランジアンは，$k=1$ の計量テンソル(8.11)式を重力のラグランジアンの式(5.81)に代入し，かつ宇宙定数を真空のエネルギー密度 ρ_v で表わす式，$\Lambda=8\pi G\rho_v/c^2$ [(8.60)式]を代入すると得られる．

$$L = \frac{3\pi c^4}{4G}\left\{-a\left(\frac{\dot{a}}{c}\right)^2 + a - \frac{a^3}{l^2}\right\} \tag{8.64}$$

これより正準運動量，$p\equiv\partial L/\partial\dot{a}=-3\pi c^2\dot{a}a/2G$ を定義すると，ハミルトニアンは

$$H = p\dot{a}-L = -\frac{3\pi ac^4}{4G}\left\{\left(\frac{\dot{a}}{c}\right)^2 + 1 - \frac{a^2}{l^2}\right\} \tag{8.65}$$

となる．この本の程度を越えているので詳しい説明ができないが，一般相対論の正準理論では，ハミルトニアン $H=0$ から運動の式が導かれる（ハミルトン拘束条件，詳しくは巻末にある「さらに勉強するために」の[9]，[10]をみよ）．実際，このモデルの場合，$H=0$ から求められる宇宙膨張の式

$$\left(\frac{\dot{a}}{c}\right)^2 + 1 - \frac{a^2}{l^2} = 0 \tag{8.66}$$

は，宇宙膨張の式(8.17)において $k=1$，$\rho=\rho_v$ としたものそのものにほかならない．これを解くと

$$a(t) = l\cosh\left(\frac{ct}{l}\right) \tag{8.67}$$

が得られる．これは，宇宙定数が存在するが物質がまったくない宇宙モデルの解，**ドジッター解**として知られているものそのものである．これは，無限

の過去から宇宙が収縮し，大きさが l となったところで跳ね返り，無限に大きくなっていく解，「ドジッター宇宙モデル」である．したがって，古典的には，$a=0$ の状態は許されない．

この事情は，ハミルトニアンをさらに正準運動量を用いて書き直してやると，よく理解できる．

$$H = \frac{2G}{3\pi a}\left(\frac{p^2}{2} + V(a)\right) \tag{8.68}$$

ここでポテンシャル $V(a)$ は

$$V(a) = \frac{1}{2}\left(\frac{3\pi c^2}{2G}\right)^2 a^2\left(1 - \frac{a^2}{l^2}\right) \tag{8.69}$$

である．図8-8に，この宇宙のポテンシャルエネルギーを示す．この宇宙の全エネルギー，つまり膨張の運動エネルギーとこのポテンシャルエネルギーの合計はちょうどゼロであるので，量子論を考えない古典理論では，宇宙は l という大きさより大きくなければならず，それより小さな宇宙は存在できないのである．しかし量子論的に考えると，それより小さな宇宙も考えることができる．

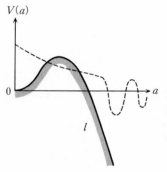

図8-8　ドジッター宇宙の
ポテンシャルエネルギー
（実線）とビレンケンの宇
宙の波動関数（破線）

ここで，正準運動量を $p \rightarrow -i\hbar d/da$ と書き換え，量子化を行ない，エネルギー $E=0$ のシュレディンガー方程式 $H\psi = E\psi = 0$ を考えよう．これは具体的には

$$\left\{\frac{1}{2}\left(-i\hbar\frac{d}{da}\right)^2 + V(a)\right\}\psi(a) = 0 \qquad (8.70)$$

と書かれる．これを**ウィーラー–ドウィット方程式**(Wheeler-DeWitt equa-tion)という．図 8-8 において $a=0$ の状態はフリードマン宇宙では特異点で物理法則の破綻した点，「時空の果て」境界であるが，このモデルではなんら物理量の発散はなく普通の点である．ビレンケンはこの状態を「無」の状態とよび，「無」の状態も量子論的に揺らぎ，ゼロ点振動をもっているはずであり，ここからトンネル効果によってポテンシャルの山の中をくぐり抜け宇宙は創生されると考えたのである．つまり，有限の l という大きさをもった宇宙がポッと生まれるのである．このようにして創生された宇宙は真空のエネルギーが高い状態にあるので，たとえその誕生直後は小さくても，ただちにインフレーションを起こし，きわめて短い時間のうちに巨大な宇宙へと進化していくのである．

さてこのモデルでは，$0<a<l$ の領域は宇宙がトンネルをくぐりつつある

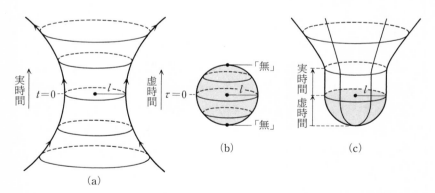

図 8-9(a)　ドジッター宇宙の時空．無限の過去から収縮してくるが，$t=0$ で跳ね返り，無限の未来まで膨張しつづける．

(b)　虚時間でのドジッター宇宙の時空．南極で生まれた宇宙は $t=0$ で最大の大きさ l となり，ついで収縮に転じ，北極で終わる．

(c)　「無」からの宇宙創生のシナリオ．「無」から生まれた宇宙は虚時間によって l の大きさになり，ここで実時間の世界に突然ポッと現われる．そしてただちにインフレーションを開始する．

状態であり，古典的には存在が不可能な領域であるが，時間を虚数に解析接続した世界 $(\tau = it)$ ではその「運動」が記述される．(8.64)，(8.65)，(8.66) 式においてこの置き換えを行なうならば，解として，(8.67) 式のかわりに

$$a(t) = l \cos \left(\frac{c\tau}{l} \right) \tag{8.71}$$

が得られる．$\theta = c\tau/l = -\pi/2$ より大きさゼロで出発した宇宙は，$\theta = 0$ で $a(\tau) = l$ と最大となり，$\theta = \pi/2$ で再びゼロに帰る．図 8-9(b) に描かれているように，もはや $\theta = 0$ の点は，座標という意味ではこの球面を地球に例えるならば北極に位置している．しかし物理的にはなんら他の点，東京やニューヨークと異なることのない球面上の一点であり，「時間の果て」ではない．そこは，時間も空間も区別がつかない世界であり，境界は存在しない．

　ホーキングは，ビレンケンの半古典的なトンネル効果による創生というシナリオとは異なり，宇宙という時空多様体の波動関数を経路積分法できちんと決めることを考えた．そしてその始まりは特異点などのような果てがないということを初期条件とすべきであると提案したのである（**無境界仮説**）．これが彼が好んで言う「境界がないのが宇宙の境界条件だ」ということである．この条件を満たすためには，宇宙は虚時間として始まらなければならない．ビレンケンが「無」からの進行波がトンネル効果によってしみだし宇宙が生まれたと考えるのに対して，全時空多様体の上で進行波も逆行波も存在するとしてシュレディンガー方程式を解くという相違はあるものの，結果的には，無境界条件から生まれた宇宙もただちにインフレーションを起こし，マクロな宇宙へと急激に広がっていくという基本シナリオは，いずれにおいても同じである．

観測の進展

1998 年，現在の宇宙が加速膨張をしていることが発見された．これは現在の宇宙にも真空のエネルギーが満ちている証拠である．このエネルギーがどのような物理的実体であるかは不明であるので，ダークエネルギーとよばれている．このエネルギーが時間的に変化しないものであれば，(8.60) 式で示したように，このエネルギーの存在と宇宙定数が存在することとは数学的

に同等である．この章の演習問題1に示したように，また，この章末のコラムで紹介しているように，アインシュタインは膨張も収縮もしない静的モデルを作るため宇宙定数を導入したが，1928年に宇宙膨張が発見されたとき，それをもはや不要と自ら否定した．その宇宙定数が，およそ100年後の現在に復活したことになる．

　G. ルメートルは，宇宙定数の含まれる重力場の方程式(8.63)を使って，宇宙の膨張を計算した．このような膨張宇宙モデルは，ルメートル宇宙モデルとよばれる．この章の演習問題2で議論されるが，このモデルでは，宇宙の膨張は図8-3に示されているように，はじめは減速していても途中から加速に転ずる．

　近年，マイクロ波宇宙背景放射(CMB)の観測によって，宇宙論パラメータがかなり精度よく測定されている．この結果によれば，およそ，$H_0 = 68$ km/s/Mpc，$\Omega_0 = 0.3$，そして $\lambda_0 = 0.7$ である．宇宙は平坦，$\Omega_0 + \lambda_0 = 1.0$ であり，図8-3において現在の宇宙年齢は138億年である．そして宇宙はおよそ60億年前に減速から加速に転じていることになる．ダークエネルギーの密度が時間的に変化している兆候は見られず，このまま加速膨張が続けば宇宙は限りなく広がり，1000億年後にはほとんどの銀河の後退速度はほとんど光速度になってしまい，われわれの視界から消えることになる．

　宇宙の観測で近年，飛躍的に進歩したのは，上述したCMBの観測である．1989年に打ち上げられたCOBE衛星は，はじめてCMBの全天にわたる温度の空間的揺らぎの観測に成功したが，さらに，その後継機WMAPやプランク衛星によって，極めて精密な観測が行われた．これらの衛星によってより精密に測定された揺らぎのスペクトルはすべて，インフレーション理論の予言と一致している．

　また9章の最後にも記されているように，宇宙初期のインフレーション期に量子揺らぎとして重力波が生成されることがわかっている．この重力波の観測を行い，さらにインフレーション理論の実証をしようとする観測の準備研究も始まっている．宇宙論の進展を詳しく勉強するには文献[18][19]を見ていただきたい．

第8章 **演習問題**

1. (8.13), (8.14)式から，時間的変化のない宇宙のモデルを作れ．このモデルのように，重力と宇宙定数による斥力がつりあって膨張も収縮もしないモデルを**アインシュタインの静止宇宙モデル**という．

2. 宇宙定数が存在する膨張宇宙のモデルは**ルメートル宇宙モデル**とよばれる．

　（ i ）　宇宙定数がある重力場の方程式では，(8.26)は

$$\frac{kc^2}{a^2(t)H^2(t)} = \Omega(t) + \lambda(t) - 1$$

となることを示せ．このことから，現在の宇宙が平坦であるためには $\Omega_0 + \lambda_0 = 1$ でなければならないことがわかる．ただし，

$$\lambda(t) = \frac{c^2 \Lambda}{3H^2(t)}, \quad \lambda_0 = \lambda(t_0)$$

である．

　（ ii ）　宇宙の年齢は，ハッブル定数の値が H_0 であるとき，宇宙定数が存在し正である場合（$\Lambda > 0$），長くなるか短くなるか？　平坦である場合（$\Omega + \lambda = 1$）について，年齢の式を解析的に導け．

3. 宇宙が膨張している時代においては，密度パラメータ $\Omega(t)$ はフリードマン宇宙モデルでは，その初期値が1より小さければ時間的に減少し，また逆に初期値が1より大きければ増大することを示せ．

　また，宇宙が指数関数的に急激な膨張をするとき，$\Omega(t)$ はその初期値が1からずれていても急激に1に近づくことを示せ．

アインシュタインと宇宙定数

「宇宙定数の導入は人生最大の失敗だった」．これはアインシュタインがハッブルによる宇宙膨張の発見後，自らの不明を悔やんで語ったという言葉である．しかし歴史の皮肉というべきか，アインシュタインが導入

し，本人もいらないといった宇宙定数が最近また注目を浴びている．

　アインシュタインは，当時の多くの人々と同様に，宇宙は永遠不変な存在だと信じていた．これは「自然は単純で美しい」という彼の信念にも合致するものであった．そこでアインシュタインは，重力によって収縮しようとする宇宙を支えるために，空っぽの空間どうしが互いに反発するような働きをする「宇宙定数」をつけ加えた．これにより，アインシュタインは 1917 年，重力と宇宙定数による「宇宙斥力」をちょうど釣り合わせて，膨張も収縮もしない宇宙モデルを作ったのである．これが今日アインシュタインの静止宇宙モデルとよばれているものである（演習問題 2 参照）．

　しかし先にも紹介したように，アインシュタイン自身は，ハッブルによって宇宙が実際膨張していることを示され，宇宙定数を取り下げたのである．確かに，自分が導いた美しい方程式を信じず，宇宙は永遠不変であるという当時の常識を信じた点で，彼は不明であった．実際，彼は自分の方程式をちゃんと素直に解いたならば，そしてそれを確信することができれば，ハッブルの発見以前に「宇宙膨張の予言」ができたはずである．しかし，逆に彼は，素直に彼の方程式を解いて宇宙膨張を導いたフリードマンの結果を信じなかった．さらに，宇宙定数も含めた方程式によって，やはり宇宙の膨張を予言したベルギーの神父ルメートル（G. Lemaître）に対しても，「おまえは物理的センスがない」と叱りつけているのである．永遠不変な宇宙に対する彼の信念がいかに強かったかがわかるであろう．

　それならば，宇宙定数はもはやアインシュタインの失敗を歴史に残す単なるモニュメントで，科学的には忘れ去られてしまうべきものなのだろうか？　この章の最後に記したように，1998 年，宇宙の加速膨張が発見され，宇宙定数が現在の宇宙に存在していることが証明されたのである．また，現在の宇宙論のパラダイムとなっている宇宙初期に起こった急膨張すなわちインフレーションも，現在の宇宙定数と比べると 100 桁も大きい値だが宇宙定数によるものといえる．歴史の皮肉というべきか，宇宙定数は決して彼の「不覚」ではなく，輝かしい業績のひとつである．

9 重 力 波

　第5章では，ニュートンの重力法則を相対原理を満たすように拡張し，アインシュタインの重力場の方程式を導いた．出発点となったニュートンの重力法則には時間微分の項は存在しなかったが，一般相対性原理を満たす方程式には当然，空間微分と同様に時間微分項が含まれている．時空の曲がり方を記述する方程式であるアインシュタイン方程式は，この時空の歪が伝播することを示している．これは電磁場の法則がクーロンの法則からマックスウェル方程式へと拡張されたとき，電磁場が伝播することが示されたのと同様である．マックスウェルが自分の導出した方程式が電磁波の存在を示唆していることに気づいたように，アインシュタインも1916年，弱い重力場の解析から，時空の歪の伝播，すなわち重力波の存在に気づいている．

　宇宙では超新星爆発によってブラックホールや中性子星が形成されるとき，また近接した連星系から強い重力波が放出されると考えられている．テイラー(J. Taylor)とワイズバーグ(J. Weisberg)は，PSR 1913＋16という連星パルサー(2つの中性子星が連星となり，一方の中性子星から周期的パルス電波が放出されている天体)の周期を十余年間にわたって正確に測定し，1981年，そこから重力波によってエネルギーが放出されていることを間接的に証明した．2015年に米国のレーザー干渉計重力波観測所LIGOが，歴史上はじめて連星ブラックホールが合体したときに放出される重力波の直接観測に成功した．

　重力波は電磁波の場合と異なり，その伝播を記述するアインシュタイン方

程式が非線形の方程式であるため，振幅の大きい波の伝播や，また大きく曲がった時空での伝播を解析的に計算することは困難である．ここでは平坦なミンコフスキー空間を伝播する微小振幅の重力波，つまり「時空のさざなみ」について調べてみよう．

9-1　重力場の方程式の線形近似と重力波の伝播方程式

ミンコフスキー計量 η_{ij} から微小にずれた時空は

$$g_{ij} = \eta_{ij} + h_{ij} \tag{9.1}$$

$$\eta_{ij} = \begin{pmatrix} -1 & 0 & 0 & 0 \\ 0 & 1 & 0 & 0 \\ 0 & 0 & 1 & 0 \\ 0 & 0 & 0 & 1 \end{pmatrix} \tag{9.2}$$

$$|h_{ij}(x)| \ll 1 \quad (h_{ij}(x) \text{は対称テンソル})$$

で表わすことができる．h_{ij} のどの成分も1より十分小さく，h_{ij} の2次以上の項は以後の計算では無視できるとしよう．この近似のもとでは反変計量テンソル g^{ij} は

$$g^{ij} = \eta^{ij} - h^{ij} \tag{9.3}$$

である．ここで反変テンソル η^{ij} は，$\eta^{ij}\eta_{jk} = \delta^i{}_k$ によって定義されたものである．

$$\eta^{ij} = \begin{pmatrix} -1 & 0 & 0 & 0 \\ 0 & 1 & 0 & 0 \\ 0 & 0 & 1 & 0 \\ 0 & 0 & 0 & 1 \end{pmatrix} \tag{9.4}$$

この近似のもとでは，添字の上げ下げは，g^{ij} の代わりに η^{ij} で行なうことができる．たとえば $h^{ij} = \eta^{ik}\eta^{jl}h_{kl}$ である．

ここで

$$\phi_{ij} \equiv h_{ij} - \frac{1}{2}hg_{ij} = h_{ij} - \frac{1}{2}h\eta_{ij} \tag{9.5}$$

$$h \equiv h^i_{\ i} = g^{ij} h_{ij} = \eta^{ij} h_{ij} \tag{9.6}$$

を定義しよう．逆にこの ϕ_{ij} を用いると，h_{ij} は

$$h_{ij} = \phi_{ij} - \frac{1}{2} \phi \eta_{ij} \tag{9.7}$$

$$\phi = \phi^i_{\ i} = -h \tag{9.8}$$

と表わされる．この近似でアインシュタイン方程式を書き下してみよう．
まずクリストッフェル記号は，定義式(4.50)より，

$$\Gamma_{i,jk} = \frac{1}{2} \left(\frac{\partial h_{ij}}{\partial x^k} + \frac{\partial h_{ik}}{\partial x^j} - \eta_i^{\ l} \frac{\partial h_{jk}}{\partial x^l} \right) \tag{9.9}$$

である．またリーマンテンソルは

$$R_{lijk} = \frac{1}{2} \left(\frac{\partial^2 h_{lk}}{\partial x^i \partial x^j} + \frac{\partial^2 h_{ij}}{\partial x^l \partial x^k} - \frac{\partial^2 h_{ik}}{\partial x^l \partial x^j} - \frac{\partial^2 h_{lj}}{\partial x^i \partial x^k} \right) \tag{9.10}$$

となる．l と j にかんして縮約し，リッチテンソルを求める．

$$R_{ik} = \frac{1}{2} \left\{ \frac{\partial}{\partial x^i} \left(\frac{\partial h_k^{\ j}}{\partial x^j} - \frac{1}{2} \frac{\partial h}{\partial x^k} \right) + \frac{\partial}{\partial x^k} \left(\frac{\partial h_i^{\ j}}{\partial x^j} - \frac{1}{2} \frac{\partial h}{\partial x^i} \right) - \Box h_{ik} \right\} \tag{9.11}$$

ここで $\Box$ は微分演算子，ダランベリアンで，この章での近似(9.2)では

$$\Box = \eta^{lm} \frac{\partial}{\partial x^l} \frac{\partial}{\partial x^m}$$

である．

スカラー曲率は，さらにこれを縮約することにより

$$R = \frac{\partial^2 \phi^{ij}}{\partial x^i \partial x^j} - \frac{1}{2} \Box h \tag{9.12}$$

である．したがって，アインシュタイン方程式(5.73)は

$$\Box \phi_{ij} - \frac{\partial}{\partial x^i} \left(\frac{\partial \phi_j^{\ k}}{\partial x^k} \right) - \frac{\partial}{\partial x^j} \left(\frac{\partial \phi_i^{\ k}}{\partial x^k} \right) + \frac{\partial}{\partial x^k} \left(\frac{\partial \phi_m^{\ l}}{\partial x^l} \right) \eta^{km} \eta_{ij}$$

$$= -\frac{16\pi G}{c^4} T_{ij} \tag{9.13}$$

となる．さてここで，座標変換の自由度を用いて，この方程式を見やすい簡単な式に書き換えよう．微小量 $\xi^i(x)$ だけ座標系を移動させるような微小座

標変換

$$x'^{i} = x^{i} + \xi^{i} \tag{9.14}$$

を考える. テンソルの座標変換の式より, h_{ij} や ϕ_{ij} は

$$h'_{ij} = h_{ij} - \eta_{ik}\frac{\partial \xi^{k}}{\partial x^{j}} - \eta_{jk}\frac{\partial \xi^{k}}{\partial x^{i}} \tag{9.15}$$

$$\phi'_{ij} = \phi_{ij} - \eta_{ik}\frac{\partial \xi^{k}}{\partial x^{j}} - \eta_{jk}\frac{\partial \xi^{k}}{\partial x^{i}} + \eta_{ij}\frac{\partial \xi^{k}}{\partial x^{k}} \tag{9.16}$$

と変換される. また $\phi_{i}{}^{j}$ の微分は

$$\frac{\partial \phi'_{i}{}^{j}}{\partial x'^{j}} = \frac{\partial \phi_{i}{}^{j}}{\partial x^{j}} - \eta_{ik}\square \xi^{k} \tag{9.17}$$

と変換される.

さてここで変換後の $\phi_{i}{}^{j}$ の微分がゼロ, つまり

$$\frac{\partial \phi'_{i}{}^{j}}{\partial x'^{j}} = 0 \tag{9.18}$$

を満たすように, $\xi^{k}(x)$ を定めよう. つまり

$$\frac{\partial \phi_{i}{}^{j}}{\partial x^{j}} = \eta_{ik}\square \xi^{k} \tag{9.19}$$

となるように $\xi^{k}(x)$ をとろう. 新しい座標系ではアインシュタイン方程式 (9.13)の第2項, 第3項, 第4項は消えて

$$\square \phi_{ij} = -\frac{16\pi G}{c^{4}}T_{ij} \tag{9.20}$$

という線形の波動方程式になるのである. ただし, この式は新しい座標系での式であるので, すべてダッシュ ($'$) がついているべきであるが, 以後の便宜から除いた. (9.18)の条件式

$$\frac{\partial \phi_{i}{}^{j}}{\partial x^{j}} = 0 \tag{9.21}$$

は, $\phi_{i}{}^{j}$ に対する拘束条件である. この拘束条件は電磁場のベクトルポテンシャル A^{i} に対するゲージ条件と類似しているので, 同様に**ゲージ条件**とよばれる. 電磁場の場合, ローレンツのゲージ条件

$$\frac{\partial A^j}{\partial x^j} = 0 \tag{9.22}$$

のもとにベクトルポテンシャルに対する運動方程式は

$$\Box A^j = -\mu_0 j^i \tag{9.23}$$

となっている．すでに第2章で学んだように，この方程式の解，$A^j(x)$ が1つ得られたとき，

$$A'^j = A^j + \frac{\partial \chi}{\partial x_j}$$

もまた運動方程式(9.23)の解である．χ はなめらかな任意のスカラー量である．スカラー量から作った勾配ベクトルの発散はゼロであるので，$\Box \chi = 0$ である．

　同様に，このアインシュタイン方程式(9.20)の解が1つ得られたとき，それに対して

$$\Box \xi^k = 0 \tag{9.24}$$

という条件が満たされている $\xi^k(x)$ を用いて微小座標変換，$x'^i = x^i + \xi^i$ を行なっても，その解は新しい座標系でのアインシュタイン方程式を満たしている．なぜなら，新しい座標系でも(9.19)式により常にゲージ条件(9.21)は満たされているからである．したがって，一般相対論では，この微小座標変換(9.14)を**ゲージ変換**とよぶ．重力波にはこのゲージ変換の自由度があるため，物理的には同じ重力波のモードであるのに，見かけ上異なったモードのように見えるモードがでてくる．次の節では，具体的に平面波のモードについて考察しよう．

9-2 平面波の伝播

まず，真空中を伝播する平面波を考えよう．真空中の方程式

$$\Box \phi_{ij} = 0 \tag{9.25}$$

の平面波の解は，電磁場の場合と同様に

$$\phi_{ij} = a_{ij} \exp(ik_l x^l) \tag{9.26}$$

$$k_l k^l = 0 \tag{9.27}$$

である．k_l は重力波の伝播 4 元波数ベクトルである．a_{ij} は振幅を表わす対称な定数テンソルである．またゲージ条件 (9.21) から

$$a_{ij}k^j = 0 \tag{9.28}$$

である．問題をわかりやすくするために，重力波は x^3 方向に伝播しているとしよう．すると

$$k_l = (-k, 0, 0, k), \quad k^l = (k, 0, 0, k) \tag{9.29}$$

と書くことができる．ここで

$$\omega = kc \tag{9.30}$$

と角振動数を定義し，$x^0 = ct$，$x^3 = z$ とすると，振動部分 $\exp(ik_l x^l)$ は，$\exp\{i(-\omega t + kz)\}$ という馴染みのものになる．

平面波の解 (9.26) は，さらに次のような微小座標変換 (ゲージ変換)

$$x'^i = x^i + \xi^i(x) \tag{9.31}$$

$$\xi^i(x) = \varepsilon^i \exp(ik_l x^l) = \varepsilon^i \exp(-ikx^0 + ikx^3) \tag{9.32}$$

を行なうと，物理的な意味が明快な形式に整理することができる．いうまでもなく，ξ^i は条件 (9.24) を満たしている．このゲージ変換によって ϕ_{ij} は (9.16) に従って変換される．(9.32) の x^j や x^i, x^k についての微分を代入すると，変換後の振幅テンソルは元の振幅テンソルによって

$$a'_{ij} = a_{ij} - \varepsilon_i k_j - \varepsilon_j k_i + \eta_{ij}\varepsilon^l k_l \tag{9.33}$$

と表わされる．ここで ε_i として

$$\varepsilon_0 = -\frac{2a_{00} + a_{11} + a_{22}}{4k} \tag{9.34}$$

$$\varepsilon_1 = \frac{a_{01}}{-k} \tag{9.35}$$

$$\varepsilon_2 = \frac{a_{02}}{-k} \tag{9.36}$$

$$\varepsilon_3 = \frac{2a_{00} - a_{11} - a_{22}}{4k} \tag{9.37}$$

を選ぶと

$$a'_{00} = a'_{01} = a'_{02} = 0 \tag{9.38}$$

$$a'_{11} = -a'_{22} \tag{9.39}$$

とすることができる．つまり $a'_{11}, a'_{12}, a'_{21}, a'_{22}$ 以外の成分をすべてゼロとする
ことができる．さらに $a'_{12}=a'_{21}$，および $a'_{11}=-a'_{22}$ であることから，独立な
成分は2つしかないことがわかる．整理すると

$$\phi_{ij} = A^+ e^+_{ij} \exp(-ikx^0 + ikx^3)$$
$$+ A^\times e^\times_{ij} \exp(-ikx^0 + ikx^3) \tag{9.40}$$

ここで

$$e^+_{ij} = \begin{pmatrix} 0 & 0 & 0 & 0 \\ 0 & 1 & 0 & 0 \\ 0 & 0 & -1 & 0 \\ 0 & 0 & 0 & 0 \end{pmatrix}, \quad e^\times_{ij} = \begin{pmatrix} 0 & 0 & 0 & 0 \\ 0 & 0 & 1 & 0 \\ 0 & 1 & 0 & 0 \\ 0 & 0 & 0 & 0 \end{pmatrix} \tag{9.41}$$

である．また，A^+ および $A^\times$ は，それぞれの振動モード（図9-1参照）に対
応する振幅である．この式では $\phi \equiv \phi_i{}^i = 0$ であるので，(9.7)式より

$$h_{ij} = \phi_{ij}$$
$$= A^+ e^+_{ij} \exp(-ikx^0 + ikx^3) + A^\times e^\times_{ij} \exp(-ikx^0 + ikx^3) \tag{9.42}$$

である．このような重力波の表現を transverse-traceless 表現（略して **TT
表現**），このように選んだゲージを **TT ゲージ**とよぶ．もともと h_{ij} や ϕ_{ij} は

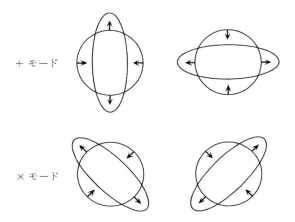

図9-1　2つの振動モード

対称テンソルであったので，その独立成分は 10 個であった．これに (9.21) 式の条件が加わって，独立成分は 6 個となった．さらに (9.31) 式によるゲージ変換によって，結局残った自由度は ＋モードと ×モードという 2 個の自由度だけとなった．x^3 方向に伝播している波の計量テンソルの振動モードは (9.41) 式のように x^1-x^2 面内であるので，重力波は電磁波と同じように横波である．

9-3 重力波のエネルギー

一般相対論でのエネルギー運動量保存の式は

$$T_{i;j}^{j} = 0 \qquad (9.43)$$

である．しかし実は，この式は物質系のエネルギー運動量は保存しないことを示している．共変微分を具体的に行ない，この式を書き換えると

$$\frac{1}{\sqrt{-g}} \frac{\partial}{\partial x^j} \left(\sqrt{-g} \, T_i^{j} \right) - \frac{1}{2} \left(\frac{\partial}{\partial x^i} g_{kl} \right) T^{kl} = 0 \qquad (9.44)$$

となる．1 つの座標系を採用したとき，その座標系で物質系のエネルギー運動量が保存するとは

$$\frac{\partial}{\partial x^j} \left(\sqrt{-g} \, T_i^{j} \right) = 0 \qquad (9.45)$$

が成立することであり，(9.43) ではない．これは物質系だけでエネルギー運動量は保存せず，重力場のエネルギー運動量と併せて保存していると解釈される．もし，新たに重力場のエネルギー運動量テンソル t_i^{j} を導入し，(9.43) を

$$\frac{\partial}{\partial x^j} \left\{ \sqrt{-g} \, \left(T_i^{j} + t_i^{j} \right) \right\} = 0 \qquad (9.46)$$

のように書き換えることができるのならば，一貫した理論となる．(9.46) と (9.44) より t_i^{j} は次の関係を満たさなければならない．

$$\frac{1}{\sqrt{-g}} \frac{\partial}{\partial x^j} \left(\sqrt{-g} \, t_i^{j} \right) + \frac{1}{2} \left(\frac{\partial}{\partial x^i} g_{kl} \right) T^{kl} = 0 \qquad (9.47)$$

しかし，この関係式は共変な関係式ではないので，この式によって定義される t_i^j はテンソルではない．したがって t_i^j は重力場の**エネルギー運動量擬テンソル**とよばれる．当然，t_i^j の表現は座標系によって異なる．しかしここで興味あるのは，ほとんどミンコフスキー的時空での微小な振幅の重力波のエネルギーである．この場合(9.47)の第2項は h_{ij} に関して2次の量である．なぜなら $\partial g_{kl}/\partial x^i = \partial h_{kl}/\partial x^i$，また T^{kl} はアインシュタイン方程式(9.20)から同様に h_{ij} の1次の大きさだからである．したがって，(9.47)から明らかに，t_i^j は h_{ij} の2次の大きさである．(9.47)式の中の $\sqrt{-g}$ は当然1としてよい．(9.20)，(9.1)～(9.8)を(9.47)に代入し，t_i^j が2次の量であることに注意しながら積分することにより，t_i^j は

$$t_i^j = \frac{c^4}{64\pi G}\left\{2\frac{\partial\phi_{kl}}{\partial x^i}\eta^{jm}\frac{\partial\phi^{kl}}{\partial x^m} - \frac{\partial\phi}{\partial x^i}\eta^{jm}\frac{\partial\phi}{\partial x^m}\right.$$
$$\left. + \delta_i^j\left(\frac{1}{2}\frac{\partial\phi}{\partial x^m}\eta^{mn}\frac{\partial\phi}{\partial x^n} - \frac{\partial\phi_{kl}}{\partial x^m}\eta^{mn}\frac{\partial\phi^{kl}}{\partial x^n}\right)\right\} \tag{9.48}$$

となる．興味あるのは，1周期で時間的に平均した $\langle t_i^j \rangle$ である．

TTゲージでの平面波の場合，(9.42)を代入し平均をとることにより

$$\langle t_i^j \rangle = \frac{k^2 c^4}{32\pi G}(A^{+2}+A^{\times 2})\begin{pmatrix} -1 & 0 & 0 & -1 \\ 0 & 0 & 0 & 0 \\ 0 & 0 & 0 & 0 \\ 1 & 0 & 0 & 1 \end{pmatrix} \tag{9.49}$$

である．この $(0,3)$ 成分より x^3 方向へのエネルギー流は

$$F^3 = \langle t_0^3 \rangle c = \frac{k^2 c^5}{32\pi G}(A^{+2}+A^{\times 2}) \tag{9.50}$$

である．

9-4 重力波の発生

重力波の伝播方程式(9.20)は，上で採用したゲージでは $\phi_{ij}=h_{ij}$ であるので

$$\Box h_{ij} = -\frac{16\pi G}{c^4} T_{ij} \tag{9.51}$$

となる．これは h_{ij} を電磁場のベクトルポテンシャル A_i，T_{ij} を4元電流ベクトル j_i に置き換えれば，電磁場の方程式と同じである．したがって，電磁場の発生とまったく同じ方法によって重力波の発生は計算できる．重力波を発生する運動物体の適当な場所，例えば重心を原点にとり，ここから観測点 x までの距離を r としよう（図9-2）．電磁波の遅延ポテンシャルの式と同様にして，x での計量のミンコフスキー計量からのずれ $h^{ij}(x)$ は

$$h^{ij}(x) = \frac{4G}{c^4} \int \frac{T^{ij}(x^0 - r', x'^1, x'^2, x'^3)}{r'} dx'^1 dx'^2 dx'^3 \tag{9.52}$$

$$r' = \sqrt{(x^1 - x'^1)^2 + (x^2 - x'^2)^2 + (x^3 - x'^3)^2} \tag{9.53}$$

である．ここで重力波を放出している運動物体の大きさに比べて十分遠方での $h_{ij}(x)$ を考えよう．r' は近似的に r であり，(9.52)式中の r' は r に置き換えることができる．

$$h^{ij}(x) = \frac{4G}{c^4 r} \int T^{ij}(x^0 - r, x'^1, x'^2, x'^3) dx'^1 dx'^2 dx'^3 \tag{9.54}$$

物体から十分遠方で観測する場合，そこでは重力波は平面波的になっているはずであり，知ることが必要な成分は空間成分である．

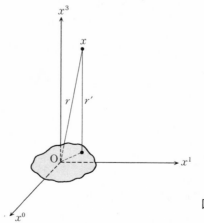

図9-2

　物質が空間的に有限の領域に存在しているとき，上の式の右辺の積分，つまりエネルギー運動量テンソルの空間成分の積分は，次のように時間に関する2階微分に書き換えることができる.

$$\int T^{\mu\nu}(x)dx^1dx^2dx^3$$
$$= \frac{1}{2}\frac{d^2}{(dx^0)^2}\int T_{00}(x)x^{\mu}x^{\nu}dx^1dx^2dx^3 \quad (\mu,\nu=1,2,3) \tag{9.55}$$

これを示そう. 一般相対論での物質の運動方程式 $T^{ij}{}_{;j}=0$ は，いま考えている近似では

$$\frac{\partial T^{ij}}{\partial x^j} = 0 \tag{9.56}$$

である. (9.18)の条件, つまり ϕ_{ij} の発散がゼロの条件のもとでは，アインシュタイン方程式の近似的式(9.20)より, T^{ij} の発散もゼロでなければならないからである. エネルギー運動量保存式である(9.56)を時間成分と空間成分に分けて書くと

$$\frac{\partial T^{00}}{\partial x^0} + \frac{\partial T^{0\lambda}}{\partial x^{\lambda}} = 0 \tag{9.57}$$

$$\frac{\partial T^{\mu 0}}{\partial x^0} + \frac{\partial T^{\mu\lambda}}{\partial x^{\lambda}} = 0 \tag{9.58}$$

である. (9.58)に x^{ν} をかけて体積積分すると,

$$\frac{d}{dx^0}\int T^{\mu 0}x^{\nu}dx^1dx^2dx^3 = -\int \frac{\partial T^{\mu\lambda}}{\partial x^{\lambda}}x^{\nu}dx^1dx^2dx^3$$
$$= \int T^{\mu\nu}dx^1dx^2dx^3 - \int \frac{\partial(T^{\mu\lambda}\cdot x^{\nu})}{\partial x^{\lambda}}dx^1dx^2dx^3 \tag{9.59}$$

右側の積分は，ガウスの定理により表面積分に書き換えることができる. 物質の存在しない外側でこの表面積分を行なえばゼロであるので，右側の積分はゼロである. (9.57)式と(9.58)式の μ と ν を入れ換えた式を加算することによって

$$\int T^{\mu\nu}dx^1dx^2dx^3 = \frac{1}{2}\frac{d}{dx^0}\int(T^{\mu0}x^\nu + T^{\nu0}x^\mu)dx^1dx^2dx^3 \tag{9.60}$$

が得られる．また

$$\int \frac{\partial(T^{0\lambda}\cdot x^\mu x^\nu)}{\partial x^\lambda}dx^1dx^2dx^3$$

$$= \int \frac{\partial T^{0\lambda}}{\partial x^\lambda}x^\mu x^\nu dx^1dx^2dx^3 + \int(T^{0\mu}x^\nu + T^{0\nu}x^\mu)dx^1dx^2dx^3 \tag{9.61}$$

であるが，左辺の微分の体積積分はガウスの定理を用いて表面積分に書き換えることができる．同様に，物質の存在しないところでの表面積分はゼロであるので，(9.61)式はゼロである．よって

$$\int(T^{0\mu}x^\nu + T^{0\nu}x^\mu)dx^1dx^2dx^3 = \frac{d}{dx^0}\int T^{00}x^\mu x^\nu dx^1dx^2dx^3 \tag{9.62}$$

である．ただし，ここで(9.57)を用いて $\partial T^{0\lambda}/\partial x^\lambda$ を置き換えた．(9.60)に(9.62)を代入すると，(9.55)式が得られる．

(9.54)の空間成分は，(9.55)を用いると

$$h^{\mu\nu}(x) = \frac{2G}{c^4r}\frac{d^2}{dt^2}\int\rho(t-r/c)x'^\mu x'^\nu dx'^1dx'^2dx'^3 \tag{9.63}$$

と書き換えることができる．ここで，$x^0=ct$, $T^{00}(x^0-r, x'^1, x'^2, x'^3) = \rho(t-r/c)c^2$ と書き換えた．積分の部分は物質の4重極モーメントである．つまり，重力波の振幅は，慣性モーメントの時間についての2階微分に比例する．しかしながら，このままでは重力波は TT ゲージではない．進行方向に対して直交した平面での振動に直し，そのトレースをゼロとしなければならない．基本的には 9-2 節で示したようなゲージ変換を行なえばよい．

原点に重力波の源があるとし，十分遠方の方向

$$n^\mu = \frac{x^\mu}{r} \tag{9.64}$$

で観測したとしよう．計算の結果のみを示すと，TT ゲージでは(9.63)は

$$h_{\mu\nu}^{\mathrm{TT}}(x) = \frac{2G}{c^4r}\left(P_\mu{}^\alpha P_\nu{}^\beta - \frac{1}{2}P_{\mu\nu}P^{\alpha\beta}\right)\ddot{I}^{\alpha\beta}(t-r/c) \tag{9.65}$$

ここで

$$P^{\mu\nu} \equiv \delta^{\mu\nu} - n^\mu n^\nu \tag{9.66}$$

$$I^{\mu\nu}(t-r/c) \equiv \int \rho(t-r/c)\left\{x'^\mu x'^\nu - \frac{1}{3}\delta^{\mu\nu}(x'^\lambda x_\lambda')\right\}dx'^1 dx'^2 dx'^3$$
$$\tag{9.67}$$

である．重力波源から放出される全エネルギーは，十分遠方で，流出している重力波のエネルギーフラックスを表面積分してやればよい．n^α 方向の立体角 $d\Omega$ あたりのエネルギーフラックスは

$$d\left(\frac{dE}{dt}\right) = (c\langle t^0{}_\alpha\rangle \cdot n^\alpha)r^2 d\Omega$$

$$= \frac{G}{8\pi c^5}\langle \dddot{I}^{\mu\nu}\dddot{I}_{\mu\nu} - 2n_\alpha n^\beta \dddot{I}^{\alpha\mu}\dddot{I}_{\mu\beta} + \frac{1}{2}(n^\mu n^\nu \dddot{I}_{\mu\nu})^2\rangle d\Omega \tag{9.68}$$

である．これを全方向で積分することにより

$$\frac{dE}{dt} = \frac{G}{5c^5}\langle \dddot{I}^{\mu\nu}\dddot{I}_{\mu\nu}\rangle \tag{9.69}$$

この式を**重力波放出の4重極公式**という．このように重力波の放出率は，慣性モーメント，つまり4重極モーメントの時間に関する3階微分の2乗に比例する．

　さてここで，同じ質量の2つの星からなる2重星からの重力波の放出を具体的に計算してみよう．質量 m の2つの星が重心のまわりに円運動しているとし，重心を座標の原点，円運動の面を x'-y' 面とする（図9-3）．z' 軸の十分遠方で重力波を観測するとしよう．円運動の半径を R とすると，遠心力と重力の釣り合いの条件，$mR\Omega^2 = Gm^2/(2R)^2$ から，角速度 Ω は $\Omega = \sqrt{Gm/(2R^3)}$ である．(9.65), (9.67) に

$$\rho(t-r/c)$$
$$= m\delta(x'-R\cos\Omega(t-r/c))\cdot\delta(y'-R\sin\Omega(t-r/c))\cdot\delta(z')$$
$$\quad + m\delta(x'+R\cos\Omega(t-r/c))\cdot\delta(y'+R\sin\Omega(t-r/c))\cdot\delta(z')$$
$$\tag{9.70}$$

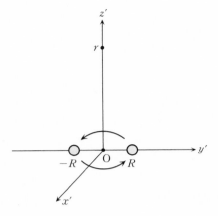

図 9-3 2 重星からの重力
波の放出

を代入することにより

$$h_{\mu\nu}(t) = -\frac{4GmR^2\Omega^2}{c^4 r}\frac{d^2}{dt^2}I_{\mu\nu}(t-r/c) \tag{9.71}$$

が得られる．ここで

$$I_{\mu\nu}(t-r/c) =$$

$$\begin{pmatrix} \cos^2\Omega(t-r/c)-1/3 & \cos\Omega(t-r/c)\sin\Omega(t-r/c) & 0 \\ \sin\Omega(t-r/c)\cos\Omega(t-r/c) & \sin^2\Omega(t-r/c)-1/3 & 0 \\ 0 & 0 & -1/3 \end{pmatrix}$$

$$\tag{9.72}$$

である．さらに計算を進めると

$$h_{\mu\nu}(t) = \frac{8GmR^2\Omega^2}{c^4 r}\begin{pmatrix} \cos 2\Omega(t-r/c) & \sin 2\Omega(t-r/c) & 0 \\ \sin 2\Omega(t-r/c) & -\cos 2\Omega(t-r/c) & 0 \\ 0 & 0 & 0 \end{pmatrix}$$

$$\tag{9.73}$$

が得られる．興味深いことは，重力波の振動数は連星系の周期のちょうど2
倍であることである．また z 軸上でこの重力波を観測した場合の特徴は，
×モードと＋モードが同じ強さで含まれていることである．これは電磁波
の円偏光に対応する．また全放出エネルギーは

$$\frac{dE}{dt} = \frac{64\,G^4 m^5}{5c^5 R^5} \tag{9.74}$$

となる．これは書き換えると

$$\frac{dE}{dt} = \frac{2}{5} L_G \left(\frac{r_g}{R}\right)^5 \tag{9.75}$$

となる．ここで r_g は星の重力半径で，$r_g = 2Gm/c^2$，L_G は重力定数と光の速度から次元解析によって作ったエネルギー放出率で，$L_G = c^5/G = 3.6 \times 10^{56}$ erg/s である．回転半径 R の5乗に反比例して放出エネルギーは増大する．このエネルギー損失により連星系のエネルギーが失われるので，当然その軌道半径 R は小さくなり，角速度 Ω はどんどん大きくなる．軌道運動のエネルギー E は

$$E = -\frac{Gm^2}{R} + m(\Omega R)^2 = -\frac{1}{2}\frac{Gm^2}{R} \tag{9.76}$$

ここで，軌道の収縮の特徴的時間スケールとして，τ を

$$\frac{1}{\tau} \equiv -\frac{1}{R}\frac{dR}{dt} \tag{9.77}$$

と定義すると

$$\frac{1}{\tau} = -\frac{1}{E}\frac{dE}{dt} = \frac{224\,G^3 m^3}{15c^5 R^4} = \frac{28c}{15R}\left(\frac{r_g}{R}\right)^3 \tag{9.78}$$

質量がともに太陽質量程度，$M_\odot = 2 \times 10^{33}$ g，の中性子星の連星系があり，その軌道半径が太陽半径程度，$R_\odot = 7 \times 10^{10}$ cm であるなら，この連星系の寿命はおよそ数億年になる．

　PSR 1913＋16 というパルサーは，中性子星どうしの連星系であると考えられている．その連星周期の時間変化や近星点移動(水星の近日点移動と同じ現象)などの観測データすべてが，一般相対論にしたがって重力波が放出されているとした計算ときわめてよく一致したことから，重力波の存在は間接的に証明されている(これによって，ハルス(R. Hulse)とテイラーは，1993 年度のノーベル物理学を受賞した)．

　2015 年，米国のレーザー干渉計重力波観測所 LIGO は，連星ブラックホ

ールの合体時に放出される重力波の直接観測に成功した．アインシュタインが一般相対性理論を完成した年からちょうど100年後の年にアインシュタインが存在を予言していた重力波が初観測されたのである．

　レーザー干渉計はマイケルソン-モーレイ型干渉計(6頁 図1-2)を高度化したものである．まず光源を波型が整った高強度のレーザー光に置き換え，さらに帰ってきたものをリサイクルする．さらに図1-2では2つの腕方向の鏡から1回反射した光がそのまま半透過鏡を経て検出器に入射するようになっているが，新たに半透過鏡の近くに鏡を腕方向に設置し，多数回往復したのちに半透過鏡を経て検出器に入射するように工夫されたファブリ-ペロ方式となっている．

　LIGOの2つの腕の長さは4kmもある．宇宙から重力波がやってくると，直角に交差した干渉計の腕の長さがそれぞれ異なる伸び縮みをするので，2つの光路差が変化することになる．その結果，干渉のパターンが変化し，これによって重力波が検出されるのである．

　LIGOは，3002km離れたワシントン州ハンフォードとルイジアナ州リビングストンの2か所に同じ干渉計を設置している．2か所の信号を比べることによって，本物の重力波信号と，どちらかだけに存在するノイズを区別することができる．本当の重力波信号のみが2か所の検出器両方に同じように現れる．さらに3002km離れているので，信号の到達時刻にわずかのずれが生じるので，到来方向に関する情報も得られる．3角測量で正確に到来方向を知るには，もう1か所が必要である．

　この重力波発生イベントは，観測された年月日を用いてGW150914と名づけられた(詳細は www.ligo.org/detections/GW150914.php を参照)．

　上の2か所で測定された重力波信号のデータを到来時刻の差0.007秒を補正して重ねると，2か所のデータがよく一致していることがわかった．この重力波による空間のゆがみの割合は，太陽と地球の距離において水素原子1個の大きさ，つまり10^{-21}程度である．また，36倍の太陽質量のブラックホールと29倍太陽質量のブラックホールの合体の数値計算から得られた重力波の波形(この波形はこの節で行ったような近似をすることなく，ブラッ

クホールの運動合体と周りの空間の計量を，重力場の方程式をそのまま数値的に解いて得られるものである）とこの観測波形とを比べると，観測は理論から予言される波形と驚くほど一致する．これまで一般相対性理論の正しさは，日食観測での光の折れ曲がり角度など弱い重力場での重力レンズ効果で示されていたが，ブラックホールのような極端に重力が強い場でも正しいことが示されたといえよう．

数値計算によれば，合体して新たに作られたブラックホールの質量は62倍太陽質量であり，その質量は合体前の2つのブラックホールの質量を合算したものより3倍太陽質量ほど小さくなっている．つまり，この欠損質量は重力波のエネルギーとして宇宙空間に放出されたのである．地上で測定された重力波のエネルギーと欠損質量から，このブラックホール合体が起こった場所は13億光年先であることも分かった．これらの成果により，2017年，LIGOのリーダーはノーベル物理学賞を受賞した．

このように，重力波の初観測からいきなり天文学的成果も得られた．これによって重力波を使っての天文学，重力波天文学が始まったのである．2017年には，ヨーロッパの重力波望遠鏡VIRGOも観測を開始した．新たに中性子星どうしの連星の合体による重力波も発見された．観測開始から数年で数十のブラックホール合体や2,3の中性子星合体が観測されている．2020年には日本のKAGRAも観測を開始している．

宇宙初期に起こる急膨張，インフレーション期にも重力波が作られ，今日の宇宙に充満しているはずだと予言されている．この重力波は原始重力波とよばれているが，この波の現在の波長は宇宙膨張によって極めて長く引き伸ばされているので，LIGOなど地上の重力波望遠鏡では観測ができない．長波長の重力波を捕らえようと，宇宙に3台の人工衛星を打ち上げ，それらの間でレーザー光をやり取りする宇宙レーザー干渉計の準備も始まっている．重力波観測は従来の電磁波観測では描き出すことのできなかった宇宙の姿を描き出す重要な眼となっている（重力波観測の現状は，文献[20]を見よ）．

| 第9章 | **演習問題** |

1. 慣性モーメント $I^{\mu\nu}$ の対角成分が，I_1, I_2, I_3 $(I_1+I_2+I_3=0)$，それ以外がゼロである物体がある．この物体を x^3 軸回りに角速度 Ω で回転させた．重力波の放出率を求めよ．

Coffee Break

マルチメッセンジャー天文学の始まり

2017 年 8 月 17 日, LIGO-VIRGO チームが, 中性子星連星の合体により放出される重力波をはじめて観測し, この重力波源を GW170817 と命名した. すぐさまチームは, GW170817 の発見時刻と重力波源の天球での位置を, 電磁波やニュートリノでこれらを観測できる全世界の観測装置や天文衛星を運用する研究機関に通知した.

歴史上はじめて重力波が発見されたのは, 2015 年 9 月に連星ブラックホールの合体によって放出される重力波だったが, その後観測された重力波はすべて連星ブラックホールの合体によるものであった. ブラックホールはきわめて重力の強い星とは言え, ひじょうに単純な構造で電磁波やニュートリノが発生する可能性はほとんどなく, 実際電磁波もニュートリノも検出されていない. 一方中性子星は半径 10 km という小さな星ではあるけれど 2 つが合体すると, その質量のほとんどは合体によって作られるブラックホールに吸い込まれてしまうが, 一部は周りに高温・高密度のガスとして放出される. そのガスから, ガンマ線, X 線, 可視光, 赤外線, 電波などの電磁波やニュートリノを観測しようとするのである.

ラッキーなことに米国の天文人工衛星, フェルミガンマ線宇宙望遠鏡が独自に, GW170817 の位置にガンマ線のバーストを発見していた. それは, 重力波観測の 2 秒後であり, しかもその到来方向は重力波観測より精密に決まっている. これを受けてすばる望遠鏡はじめ世界の観測施設で, ガンマ線から電波に至る電磁波全波長にわたって信号が観測された. 1 億 3000 万光年離れた銀河 NGC 4993 で起こった中性子星の合体であることがわかった. ニュートリノは観測されなかったが, 光のスペクトル観測により Au, Pt などを含む重元素(r-プロセス元素とよばれる)もここで合成され放出されている可能性があることもわかった. このように, 中性子星の合体という激動的な天文現象が, すべての波長での同時観測を行うことで大きく解明された. 重力波観測によって, 全波長天文学, マルチメッセンジャー天文学が始まったのである.

さらに勉強するために

相対論の教科書は，解説書に近いものから，きわめて数学的で難解なものまで，また宇宙物理学・宇宙論に近いものなど，実に多様である．

初歩的教科書としては

[1]　平川浩正：『相対論』，共立出版(1971)

[2]　内山龍雄：『相対性理論』，岩波書店(1977)

[3]　L. D. ランダウ，E. M. リフシッツ(広重徹，恒籐敏彦訳)：『場の古典論』(原書第 6 版)，東京図書(1978)

[4]　P. A. M. ディラック(江沢洋訳)：『一般相対性理論』，東京図書(1977)＝ちくま学芸文庫(2005)

[5]　B. F. シュッツ(江里口良治，二間瀬敏史訳)：『相対論入門』，丸善(1988)

[6]　J. フォスター，J. D. ナイチンゲール(原哲也訳)：『一般相対論入門』，吉岡書店(1991)

などがある．[1], [2], [3] ともによく読まれている．[4] は量子力学の創始者のひとり，ディラックが一般相対論の真髄のみをコンパクトに解説したもので名著であろう．訳書はそれぞれ個性があり，とっつきにくくも感じるが，読めば味がある．

[7]　C. W. Misner, K. S. Thorne, J. A. Wheeler, *Gravitation,* Freeman (1973)

は通称「電話帳」とよばれている分厚い教科書で，相対論に関する話題を広く網羅している．工夫された図版も多く，世界的に広く読まれている．

やや進んだ教科書としては

[8]　佐々木節：『一般相対論』，産業図書(1996)

[9]　富田憲二：『相対性理論』，丸善(1990)

[10]　内山龍雄：『一般相対性理論』，裳華房(1978)

がある．相対論を研究に用いる分野に進もうとしている人に適当な教科書である．

高度な数学的な教科書としては

[11]　佐藤文隆，小玉英雄：『一般相対性理論』(岩波講座 現代の物理学6)，岩波書店(1992)

[12]　S. W. Hawking, G. F. R. Ellis : *The Large Scale Structure of Spacetime*, Cambridge Univ. Press (1973)

[13]　R. M. Wald : *General Relativity*, Univ. Chicago Press (1984)

などがある．[11]は日本語で書かれたものとしては唯一の数学的教科書であろう．[12]，[13]は，この分野の世界的な標準的教科書で，学術論文でもよく引用されるものである．

宇宙論・宇宙物理との関連では

[14]　小玉英雄：『相対論的宇宙論』，丸善(1991)

[15]　成相秀一，富田憲二：『一般相対論的宇宙論』，裳華房(1989)

[16]　佐藤文隆：『相対論と宇宙論』，サイエンス社(1981)

[17]　S. Weinberg : *Gravitation and Cosmology*, Wiley and Sons (1972)

宇宙論の分野の進歩は最近著しいので，[17]は古くなったという印象は拭えないが，今なおこの分野の標準的教科書である．

宇宙論の現在を知るには，天文学会が編集した

[18]　佐藤勝彦，二間瀬敏史編：『宇宙論1[第2版]　宇宙のはじまり』(シリーズ現代の天文学2)，日本評論社(2012)

[19]　二間瀬敏史，池内了，千葉柾司編：『宇宙論2[第2版]　宇宙の進化』(シリーズ現代の天文学3)，日本評論社(2019)

の2冊がよい．

重力波について，より深く新たな進歩を含めて学ぶには

[20]　井上一他編：『宇宙の観測3[第2版]　高エネルギー天文学』(シリーズ現代の天文学17)，日本評論社(2019)

がよい．

演習問題略解

第1章

1. 光子の4元ベクトル $(h\nu/c, h\nu/c, 0, 0)$ のローレンツ変換 (1.34) より

$$\nu_1 = \nu_0\sqrt{(1+(v/c))/(1-(v/c))}$$

また，光子の4元ベクトル $(h\nu/c, 0, h\nu/c, 0)$ のローレンツ変換より

$$\nu_2 = \nu_0\sqrt{1-(v/c)^2}$$

2. ローレンツ短縮の式は

$$l\sqrt{1-(v/c)^2} = l\sqrt{1-(4/5)^2} = (3/5)l$$

となる．これから，

地上の観測者から見た電車の長さ　　500 m×3/5＝300 m

電車からみた車庫の長さ　　400 m×3/5＝240 m

　したがって，地上で観測していると，この車庫が通り抜け可能でこの速度で電車が走っているかぎり，車庫の中に電車は一時的に収まっている．しかし地上の座標系で電車が車庫内に収まっている時にブレーキをかけるということは，電車の座標系では先頭がまだ車庫の端に達する前に先頭部分でブレーキをかけ，最後尾が車庫内に入ってから最後尾にブレーキをかけよということである．もし電車が圧縮可能なものなら静止しても車庫内に収まるが，通常の固い電車は減速の過程で破損してしまう．

第2章

1. エネルギー運動量保存の式は，ニュートン力学で粒子のエネルギー保存式を導くときと同様に，運動方程式 (2.108) に「速度」に対応する電磁場のテンソル f_{im} をかけ，式変形することにより求められる．

$$\mu_0 j^i f_{im} = f_{im}\partial_j f^{ij} = \partial_j(f^{ij}f_{im}) - f^{ij}\partial_j f_{im}$$
$$= \partial_j(f^{ij}f_{im}) - f^{ij}(\partial_j f_{im} - \partial_i f_{jm})/2$$
$$= \partial_j(f^{ij}f_{im}) - f^{ij}(\partial_j f_{im} + \partial_i f_{mj} + \partial_m f_{ji})/2 + f^{ij}\partial_m f_{ji}/2$$

ここで電磁場テンソルの反対称性 $f^{ij} = -f^{ji}$ をもちいた．さらに上の第2項は

(2.29) よりゼロである．第 3 項を電磁場テンソルの反対称性をもちいてさらに書き換えると

$$\mu_0 j^i f_{im} = \partial_j(f^{ij}f_{im}) - \partial_m(f^{ij}f_{ij}/4)$$
$$= \partial_j(f^{ij}f_{im} - \delta^j{}_m f^{kl}f_{kl}/4)$$

両辺に η^{mn} をかけると

$$\mu_0 j^i f_i{}^n = \partial_j(f^{ij}f_i{}^n - \eta^{jn}f^{kl}f_{kl}/4)$$
$$= \partial_j(\eta_{kl}f^{kj}f^{ln} - \eta^{jn}f^{kl}f_{kl}/4)$$

n を i に，i を l に置き換え，整理すると

$$-f^i{}_l j^l = \frac{\partial}{\partial x^j}\left\{\frac{1}{\mu_0}\left(\eta_{kl}f^{ik}f^{jl} - \frac{1}{4}\eta^{ij}f_{kl}f^{kl}\right)\right\} = \frac{\partial}{\partial x^j}T^{ij}$$

第 4 章

1. (4.30) 式．$g^{ij}g_{ij} = g^{ij}g_{ji} = \delta^i{}_i$ を微分して，$\delta g^{ij}g_{ij} + g^{ij}\delta g_{ij} = 0$．これより

$$g_{ij}\frac{dg_{ij}}{dx^k} = -g^{ij}\frac{dg_{ij}}{dx^k}$$

(4.31) 式．$(g^{ij} + \delta g^{ij})(g_{jl} + \delta g_{jl}) = \delta^i{}_l$ から，2 次の項を無視すると，$\delta g^{ij}g_{jl} + g^{ij}\delta g_{jl} = 0$．これに g^{rl} をかけて整理すると，$\delta g^{ir} = -g^{rl}g^{ij}\delta g_{jl}$．さらに r を j に j を r に置き換えて，$\delta g^{ij} = -g^{jl}g^{ir}\delta g_{rl} = -g^{ir}g^{jl}\delta g_{rl}$．よって

$$\frac{dg^{ij}}{dx^k} = -g^{ir}g^{jl}\frac{dg_{rl}}{dx^k}$$

(4.32) 式．$\delta g = |g_{ij} + \delta g_{ij}| - |g_{ij}|$ と定義すると，行列式の展開公式より

$$\delta g = \tilde{g}^{ij}\delta g_{ij}$$

一方，$g^{ij}g_{jl} = \delta^i{}_l$ より

$$g^{ij} = \frac{1}{g}{}^t\tilde{g}^{ij} = \frac{1}{g}\tilde{g}^{ij}$$

であるので $\tilde{g}^{ij} = g g^{ij}$．これを上の δg の式に代入し，$\delta g = g g^{ij}\delta g_{ij}$，つまり

$$\frac{\partial g}{\partial x^k} = g g^{ij}\frac{\partial g_{ij}}{\partial x^k}$$

2. (ⅰ) クリストッフェル記号 $\Gamma^k{}_{ij}$ の定義式で素直に k を j に置き換え計算することにより

$$\Gamma^{j}{}_{ij} = \frac{1}{2} g^{jm} \frac{\partial g_{jm}}{\partial x^i}$$

これに演習問題1で証明した関係 $\dfrac{\partial g}{\partial x^k} = g g^{ij} \dfrac{\partial g_{ij}}{\partial x^k}$ をもちいて

$$\Gamma^{j}{}_{ij} = \frac{1}{2} \frac{1}{g} \frac{\partial g}{\partial x^i} = \frac{1}{2} \frac{1}{-g} \frac{\partial(-g)}{\partial x^i}$$

$$= \frac{1}{2} \frac{\partial \ln(-g)}{\partial x^i} = \frac{\partial \ln\sqrt{-g}}{\partial x^i}$$

（ii） $A^{i}{}_{;i} = \partial_i A^i + \Gamma^{i}{}_{il} A^l$ に（i）で求めた関係式を用いて

$$A^{i}{}_{;i} = \frac{\partial A^i}{\partial x^i} + \frac{\partial \ln\sqrt{-g}}{\partial x^l} A^l$$

l を i に置き換え，2 つの項を 1 つの微分にまとめると

$$A^{i}{}_{;i} = \frac{1}{\sqrt{-g}} \frac{\partial \sqrt{-g}\, A^i}{\partial x^i}$$

3. $(1+2)$ 次元でのリーマンテンソルの自由度は，4 次元と同様に計算して，独立なペアが $(01), (02), (12)$ の 3 つなので，6．(4) 番目の対称性 (4.104) 式は $(1), (2), (3)$ の対称性から導かれるので，独立ではない．リッチテンソルの対称性は，対称テンソルなので，6．リッチテンソルは (4.105) 式のようにリーマンテンソルを縮約したものなので，リッチテンソルのすべての成分がゼロなら，リーマンテンソルのすべての成分もゼロ．

第6章

1. (6.1) の未知関数 $f_1(r), f_2(r), f_3(r)$ は，時間にも依存するとして，$f_1(r, t), f_2(r, t), f_3(r, t)$ としなければならない．したがって $(6.2), (6.3)$ で定義される関数 h_1, h_2, ν, λ は，すべて時間の関数としなければならない．この場合，次のアフィン係数 $\Gamma^0{}_{11}, \Gamma^0{}_{00}, \Gamma^1{}_{10}$ はもはやゼロではなく

$$\Gamma^0{}_{11} = (\dot{\lambda}/2)e^{\lambda-\nu}, \qquad \Gamma^0{}_{00} = \dot{\nu}/2, \qquad \Gamma^1{}_{10} = \dot{\lambda}/2$$

である．

アインシュタイン方程式も $(0, 0)$ 成分，$(1, 1)$ 成分には変更はないが，$(3, 3)$ 成分には時間に依存する項が加わる．

$$\frac{1}{2}e^{-\lambda}\left(\nu''+\frac{\nu'^2}{2}+\frac{\nu'-\lambda'}{r}-\frac{\nu'\lambda'}{2}\right)-\frac{1}{2}e^{-\nu}\left(\ddot{\lambda}+\frac{\dot{\lambda}^2}{2}-\frac{\dot{\nu}\dot{\lambda}}{2}\right)=\frac{8\pi G}{c^4}T^2{}_2$$

$$=\frac{8\pi G}{c^4}T^3{}_3$$

また $(1,0)$ 成分は

$$e^{-\lambda}\frac{\dot{\lambda}}{r}=\frac{8\pi G}{c^4}T^1{}_0$$

となる. 真空条件から右辺がゼロとなるので $\dot{\lambda}=0$ となり, λ は時間の関数ではないことが示される. さらに, λ が時間によらないならば, (6.8)式より ν も時間によらないことがわかる. したがって, 球対称に物質が運動していても, その外側の真空領域はシュバルツシルト時空である.

2. 無限遠方で速度 v, 衝突半径 b で粒子を入射したとしよう. ブラックホールの粒子が捕獲されるためには, 図6-2のポテンシャルの最大値よりエネルギーが大きければよい. 非相対論的粒子の場合 $(v\ll c)$, $(v/c)^2$ のオーダで $(\varepsilon^2-1)\to0$ であるので, ポテンシャルの最大値がゼロ以下となるためには, $l\leqq2$ でなければならない. l の定義(6.26)に $L=mvb$ を代入すると, $b\leqq2(c/v)r_{\mathrm g}$ となる. よって吸収断面積は

$$\sigma\equiv\pi b^2=4\pi(c/v)^2r_{\mathrm g}^2$$

逆に相対論的極限 $(\varepsilon, l\to\infty)$ では, ポテンシャルが最大となる半径は $r=(3/2)r_{\mathrm g}$, その値は $(2/27)l^2$ である. ブラックホールに吸収されるためには, これが(6.48)の左辺 $((\varepsilon^2-1)/2\to\varepsilon^2/2)$ より小さくなければならない. $(2/27)l^2\leqq\varepsilon^2/2$ より, $b\leqq(\sqrt{27}/2)r_{\mathrm g}$. したがって吸収断面積は

$$\sigma\equiv\pi b^2=\frac{27}{4}\pi r_{\mathrm g}^2$$

第7章

1. (7.17)を $\rho(r)=\rho_0$ として変形すると

$$-\frac{dp}{(\rho_0c^2+P)(\rho_0c^2+3P)}=\frac{d(r^2/r_0^2)}{4\rho_0c^2(1-r^2/r_0^2)}$$

境界条件 ($r=R$ で $P=0$) のもとに積分をすると

$$\frac{\rho_0 c^2 + P}{\rho_0 c^2 + 3P} = \left\{\frac{1 - R^2/r_0^2}{1 - r^2/r_0^2}\right\}^{1/2}$$

P について解くと

$$P(r)/\rho_0 c^2 = \frac{(1 - r^2/r_0^2)^{1/2} - (1 - R^2/r_0^2)^{1/2}}{3(1 - R^2/r_0^2)^{1/2} - (1 - r^2/r_0^2)^{1/2}}$$

(7.15) より, $M(r) = 4\pi r^3 \rho_0/3$, (7.13) より, $e^{-\lambda(r)} = 1 - r^2/r_0^2$. また, (7.21) より

$$e^{\nu(r)} = (1 - R^2/r_0^2)\left\{\frac{\rho_0 c^2}{\rho_0 c^2 + P(r)}\right\}^2 = \left\{\frac{3}{2}(1 - R^2/r_0^2)^{1/2} - \frac{1}{2}(1 - r^2/r_0^2)^{1/2}\right\}^2$$

2. カー・ブラックホールの事象の地平面の面積は

$$A = \iint \sqrt{^{(2)}g}\, d\theta d\phi$$

である. ここで $^{(2)}g$ は事象の地平面の計量 $^{(2)}g$ の行列式である. $^{(2)}g$ は, カー時空の計量(7.42)において $r = r^+$, $dr = 0$, $dt = 0$ とおくことにより

$$ds^2 = g_{\theta\phi} = (r^{+2} + a^2\cos^2\theta)d\theta^2 + \frac{r^{+2}r_g^2\sin^2\theta}{r^{+2} + a^2\cos^2\theta}d\phi^2$$

と求められる. これより $\sqrt{^{(2)}g} = r_g r^+ \sin\theta$. これを代入して, 表面積は次のように求められる.

$$A = \iint r_g r^+ \sin\theta d\theta d\phi = 2\pi r_g^2\left\{1 + \left(1 - \left(\frac{2a}{r_g}\right)^2\right)^{1/2}\right\}$$

第8章

1. (8.13), (8.14)式において $\dot{a}$, $\ddot{a}$ を 0 とおき, 整理する. $k = 0$ の場合はミンコフスキー空間となる. $k = -1$ では解なし. $k = 1$ の場合, 解

$$a = c\left\{\frac{1}{4\pi G(\rho + p/c^2)}\right\}^{1/2}, \qquad \Lambda = 4\pi G(\rho + 3p/c^2)/c^2$$

が得られる.

2. (i) (8.17)式の代わりに, 宇宙項を含むアインシュタイン方程式(8.13)を用いる以外は, (8.27)の導出とまったく同じ手続きで

$$\frac{kc^2}{a^2(t)H^2(t)} = \Omega(t) + \lambda(t) - 1$$

が導かれる.

（ⅱ）　正の宇宙定数が存在するモデルでは，宇宙膨張は現在加速されようとしており，これは過去の膨張が定数のない場合に比べて遅いことを意味する．したがって宇宙年齢は長くなる．平坦である場合（$\Omega_0+\lambda_0=1$），年齢の計算式（8.30）は容易に積分することができ，

$$t_0 = \frac{2}{3H_0}\lambda_0^{-1/2}\ln\{(1+\sqrt{\lambda_0})/\sqrt{1-\lambda_0}\}$$

となる.

3. フリードマンモデルでは，（8.17）

$$\frac{kc^2}{a^2(t)H^2(t)} = \Omega(t)-1$$

の左辺の分母は宇宙膨張にともない単調に減少する．したがって，k の符号が正なら，$\Omega(t)$ は 1 より増大，また逆に負なら，$\Omega(t)$ は減少に向かう.

　一方，インフレーション宇宙モデルでは指数関数的に膨張するので，$H(t)=c/l$ で一定．また，$a(t)$ は指数関数的に大きくなるので，左辺は急激にゼロに向かう．したがって，$\Omega(t)$ は急激に 1 に近づく，つまり平坦なモデルへと近づくことになる.

第9章

1. 初期の状態から角度 $\phi\,(=\Omega t)$ だけ回転した物体の慣性モーメントは

$$I^{11} = I_1\cos^2\phi+I_2\sin^2\phi = \frac{1}{2}(I_1-I_2)\cos 2\phi+\frac{1}{2}(I_1+I_2)$$

$$I^{22} = I_1\sin^2\phi+I_2\cos^2\phi = \frac{1}{2}(I_2-I_1)\cos 2\phi+\frac{1}{2}(I_1+I_2)$$

$$I^{12} = I^{21} = \frac{1}{2}(I_1-I_2)\sin 2\phi$$

これを 4 重極放出公式に代入すると，

$$\frac{dE}{dt} = \frac{64\,G}{20\,c^5}\Omega^6(I_1-I_2)^2\langle\cos^2 2\phi+2\sin^2 2\phi+\cos^2 2\phi\rangle$$

$$= \frac{32\,G}{5c^2}(I_1-I_2)^2\Omega^6$$

索　引

佐藤勝彦

1945 年香川県に生まれる. 1968 年京都大学理学部物理学科卒業. 1973 年京都大学大学院理学研究科物理学専攻博士課程修了. 京都大学理学部助手, 北欧理論原子物理学研究所(コペンハーゲン)客員教授, 東京大学理学部助教授・大学院理学系研究科教授, 自然科学研究機構長, 日本学術振興会学術システム研究センター所長等を経て, 現在, 明星大学客員教授, 東京大学名誉教授, 日本学士院会員. 理学博士.

専攻, 宇宙論, 宇宙物理学.

主な著訳書:『宇宙論入門 ──誕生から未来へ』(岩波新書),『宇宙論講義 ──そして, ぼくらも生まれた』(増進会出版社),『宇宙はわれわれの宇宙だけではなかった』(同文書院),『壺の中の宇宙』(二見書房),『最新・宇宙創世記 ──ビッグバン理論からインフレーション宇宙へ』(徳間書店), S. W. ホーキング『ホーキングの最新宇宙論』(監訳, 日本放送出版協会), S. W. ホーキング『宇宙における生命』(監訳, NTT 出版)ほか.

岩波基礎物理シリーズ 新装版
相対性理論

1996 年 12 月 18 日	初　版第 1 刷発行
2020 年 8 月 17 日	初　版第 20 刷発行
2021 年 11 月 10 日	新装版第 1 刷発行
2024 年 11 月 5 日	新装版第 3 刷発行

著　者　　佐藤勝彦

発行者　　坂本政謙

発行所　　株式会社 岩波書店
〒 101-8002 東京都千代田区一ツ橋 2-5-5
電話案内 03-5210-4000
https://www.iwanami.co.jp/

印刷・三秀舎　表紙・半七印刷　製本・牧製本

長岡洋介・原康夫 編

岩波基礎物理シリーズ[新装版]

A5 判並製

理工系の大学 1〜3 年向けの教科書シリーズ
の新装版．教授経験豊富な一流の執筆者が数
式の物理的意味を丁寧に解説し，理解の難所
で読者をサポートする．少し進んだ話題も工
夫してわかりやすく盛り込み，応用力を養う
適切な演習問題と解答も付した．コラムも楽
しい．どの専門分野に進む人にとっても「次
に役立つ」基礎力が身につく．

力学・解析力学	阿部龍蔵	222 頁	2970 円
連続体の力学	巽　友正	350 頁	4510 円
電磁気学	川村　清	260 頁	3850 円
物質の電磁気学	中山正敏	318 頁	4400 円
量子力学	原　康夫	276 頁	3300 円
物質の量子力学	岡崎　誠	274 頁	3850 円
統計力学	長岡洋介	324 頁	3520 円
非平衡系の統計力学	北原和夫	296 頁	4620 円
相対性理論	佐藤勝彦	244 頁	3410 円
物理の数学	薩摩順吉	300 頁	3850 円

───── 岩波書店刊 ─────
定価は消費税 10% 込です
2024 年 11 月現在

戸田盛和・中嶋貞雄 編
物理入門コース[新装版]
A5 判並製

理工系の学生が物理の基礎を学ぶための理想的なシリーズ．第一線の物理学者が本質を徹底的にかみくだいて説明．詳しい解答つきの例題・問題によって，理解が深まり，計算力が身につく．長年支持されてきた内容はそのまま，薄く，軽く，持ち歩きやすい造本に.

戸田盛和・中嶋貞雄 編
物理入門コース／演習[新装版]
A5 判並製

──────── 岩波書店刊 ────────
定価は消費税 10% 込です
2024 年 11 月現在

戸田盛和・広田良吾・和達三樹 編
理工系の数学入門コース
A5 判並製　　　　　　　　　[新装版]

学生・教員から長年支持されてきた教科書シリーズの新装版．理工系のどの分野に進む人にとっても必要な数学の基礎をていねいに解説．詳しい解答のついた例題・問題に取り組むことで，計算力・応用力が身につく．

微分積分	和達三樹	270 頁	2970 円
線形代数	戸田盛和 浅野功義	192 頁	2860 円
ベクトル解析	戸田盛和	252 頁	2860 円
常微分方程式	矢嶋信男	244 頁	2970 円
複素関数	表　実	180 頁	2750 円
フーリエ解析	大石進一	234 頁	2860 円
確率・統計	薩摩順吉	236 頁	2750 円
数値計算	川上一郎	218 頁	3080 円

戸田盛和・和達三樹 編
理工系の数学入門コース／演習[新装版]
A5 判並製

微分積分演習	和達三樹 十河　清	292 頁	3850 円
線形代数演習	浅野功義 大関清太	180 頁	3300 円
ベクトル解析演習	戸田盛和 渡辺慎介	194 頁	3080 円
微分方程式演習	和達三樹 矢嶋　徹	238 頁	3520 円
複素関数演習	表　実 迫田誠治	210 頁	3410 円

──────── 岩波書店刊 ────────
定価は消費税 10% 込です
2024 年 11 月現在